机械振动的双光栅传感理论与实验研究

王永皎　著

清华大学出版社

北　京

内 容 简 介

本书研究内容主要来源于国家 863 攻关计划"采煤机工作可靠性智能监测技术"中的子课题"采煤机机械状态多参量光纤光栅感知技术——2013AA06A411"、湖北省科技支撑计划项目"基于光纤传感技术的重大机械装备(群)健康监测与故障诊断服务云平台——2015A2028"两个课题。

本书首先阐述了使用光纤光栅传感技术对机械振动进行监测的背景和意义,并解释了选择双光栅进行监测的优点。主要内容有:利用 FBG 耦合方程的数值积分方法,探讨非均匀温变和非均匀应变对 FBG 光谱的影响;设计了针对线性振动的双 FBG 强度测量方法;将双光纤光栅按照一定角度安装在转轴表面,建立了双光栅中心波长差与转矩和扭转角的定量关系;针对轮齿形变及振动的光纤光栅传感,研究了两个普通 FBG 反射谱的特征波长与温度、扭矩和扭转角的定量关系。

本书从理论及实验方面研究了采用双光纤光栅解决机械振动的在线监测问题,全书层次清晰、结构完整、语言流畅,可供从事光纤传感、光纤通信、传感应用专业的教学、科研、工程技术人员参考阅读。

本书封面贴有清华大学出版社防伪标签,无标签者不得销售。
版权所有,侵权必究。侵权举报电话:010-62782989 13701121933

图书在版编目(CIP)数据

机械振动的双光栅传感理论与实验研究 / 王永皎 著. —北京:清华大学出版社,2017

ISBN 978-7-302-47973-4

Ⅰ.①机… Ⅱ.①王… Ⅲ.①机械振动-光电传感器-研究 Ⅳ.①TH113.1 ②TP212

中国版本图书馆 CIP 数据核字(2017)第 201177 号

责任编辑:王 定 程 琪
封面设计:周晓亮
版式设计:思创景点
责任校对:牛艳敏
责任印制:宋 林

出版发行:清华大学出版社
　　　　网　　　址:http://www.tup.com.cn,http://www.wqbook.com
　　　　地　　　址:北京清华大学学研大厦 A 座　　　邮　　编:100084
　　　　社 总 机:010-62770175　　　　　　　　　邮　　购:010-62786544
　　　　投稿与读者服务:010-62776969,c-service@tup.tsinghua.edu.cn
　　　　质 量 反 馈:010-62772015,zhiliang@tup.tsinghua.edu.cn
印 装 者:三河市春园印刷有限公司
经　　销:全国新华书店
开　　本:148mm×210mm　　　印　　张:5.375　　　字　　数:150 千字
版　　次:2017 年 9 月第 1 版　　　印　　次:2017 年 9 月第 1 次印刷
定　　价:98.00 元

产品编号:076932-01

作者简介

　　王永皎，女，1977 年出生，河南新乡人，工学博士，河南城建学院计算机学院副教授。目前主要从事光纤传感理论与应用，计算机及应用技术的教学与研究工作。近年来主编及参编著作及教材多部；在 SCI 源刊、EI 源刊及中文核心期刊发表三十余篇论文；主持及参与省市级以上项目十余项；入选河南省自然科学优秀论文五篇；获得河南省信息技术教育优秀成果奖十余项；带领学生参加各种竞赛获奖数十项。2014 年获河南城建学院学术技术带头人称号，2015 年获河南省教学标兵称号。

前　　言

在自然界和人类生产实践活动中，机械振动是普遍存在的一种物理现象。为了预防过度振动带来的危害和对各种运转机械的自动控制，人们需要对机械振动进行在线监控。

光纤光栅振动传感技术具有本质安全、耐腐蚀、高精度和质量轻等优点，所以国内外很多学者都在积极开展相关研究。到目前为止，在光纤光栅振动传感的理论与技术两方面仍存在一些需要深入研究的问题。

本书主要进行了如下研究工作：

1. 利用 FBG 耦合方程的数值积分方法，探讨了非均匀应变（包括梯度项、二次展开项）对 FBG 光谱的影响。计算结果表明，对于线性应变（梯度项），FBG 的反射谱是关于中心波长对称的，中心波长漂移决定于光栅中点的应变。峰值强度则与光栅受到的应变梯度有关，当梯度项增加时，峰值强度下降。当光纤光栅受到二次应变时，其反射谱关于中心波长是不对称的，二次应变系数的正负和大小决定反射谱左右旁瓣的强弱，反射谱旁瓣越大，光栅受到的非线性应变越大。

2. 机械振动是物体相对其平衡位置的往复运动，当光纤光栅或者装配有光纤光栅的加速度传感器固定在这些振动物体上时，光纤光栅经历的应变也会随时间周期性变化。本书利用 FBG 耦合方程的数值积分，讨论了动态线性应变对 FBG 反射谱的影响。模拟结果表明，当粘贴在被测物体上的光纤光栅经历随时间变化的应变时，其反射谱和波长漂移决定于光纤光栅中点的随时间变化的应变，而峰值强度与光栅处的应变梯度有关。

3. 在光纤光栅加速度传感器的研制中，振子的设计与制作至关重要，主要出于三方面考虑，即共振频率、应变随加速度幅值的变化率以及光栅的粘贴。振子要稳定工作，其本征频率必须是待测机械频率的 5 倍以上；要实现高灵敏度，振子应变随加速度幅值的变化率要大；要有适当位置方便粘贴固定光纤光栅。本书以挠度分析法为主，ANSYS 模态分析法为辅，讨论了矩形悬臂振子和矩形桥式振子的共振频率和弹性结构的应变随加速度的变化率。

4. 通过模拟计算，得到了两个普通 FBG 反射谱的主瓣面积对反射谱中心波长的依赖关系，发现在一定的范围内反射谱主瓣面积与反射谱中心波长差成良好线性关系，并提出了匹配光纤光栅中心波长差的工作区间为 $[-\Delta\lambda_{Bc}/2, \Delta\lambda_{Bc}/2]$，这里 $\Delta\lambda_{Bc} = 0.30$nm。由于普通双 FBG 波长差的工作区间较小，我们进一步设计了用啁啾光纤光栅替代普通光栅的方案，采用带宽为 4nm、初始中心波长差为 2nm 的两个啁啾光纤光栅，其中心波长差的工作区间扩展到 $[-2$nm，2nm$]$，为普通匹配 FBG 的 10 倍以上。

5. 设计并制备了光电转换与信号放大电路，给出了经过光电转换与放大电路后的电压信号与振动加速度的定量关系。振动监测系统的实验表明，输出的电压信号的幅值与加速度的幅值呈良好的线性关系，理论描述与实验结果一致。研究了传感器放置的倾角对电压信号的影响，电压信号的幅值与传感器倾斜角度的余弦函数成线性关系，且实验数据与理论公式一致。当角度小于 15°时，电压幅值的变化不到传感器水平放置时电压幅值的 5%。

6. 把两个啁啾光纤光栅分别相对于轴线方向 $\pi/4$ 和 $-\pi/4$ 的角度安装在轴表面，当转轴受到转矩作用时，两个光栅的中心波长差与转矩和扭转角成正比。利用光电转换和放大电路，把双光栅的反射光转化为电压信号输出。通过假定输出电压与双啁啾光纤光栅的反射光强成正比、双啁啾光纤光栅的反射光强与其主瓣下面积成正比，给出了电压信号与转矩和扭转角的依赖关系。实验表明，不同转矩下的 $\Delta\lambda_{DC}(M)-\Delta\lambda_{DC}(0)$ 值与负载转矩 M 呈良好的线性关系，而且中心波长差会随时间周期性振动，其基频 f_0 与转速呈良好的线性关系，测得的电压信号与理论预测的变化规律一致。

7. 将双光纤光栅粘贴在轮齿两边缘，通过波长解调方法对齿轮轮齿两边缘的拉伸和压缩变形及其轮齿角振动进行了在线监测实验，并得到如下结果：①在不同的转速下，双 FBG 的特征波长存在不同的整体波长漂移，显示了齿轮啮合时的温度升高现象。②随着扭矩越大，各 FBG 的振动峰值波长漂移越大，且在 $0\sim20$N·m区间波长漂移与负载力矩存在较好的线性关系，显示了齿轮啮合时轮齿两边缘的拉伸和压缩变形与负载力矩的依赖关系。③监测得到的峰值波长出现的基准频率与啮合频率一致，轮齿在不同转速下的啮合频谱图显示倍频信号较强，表明本次实验采用的齿轮表面粗糙。

在本书的编写过程中，得到了许多老师和同事的帮助，参与编写的还有梁磊教授、袁银权教授、徐刚博士、冯坤、涂彬、仇磊等人，书中如有不足之处，或总结中出现漏失问题，恳请读者不吝赐教。

王永皎
2017 年 6 月

目 录

第 1 章　绪　论

1.1　课题来源

本书研究内容主要来源于国家 863 攻关计划"采煤机工作可靠性智能监测技术"中的子课题"采煤机机械状态多参量光纤光栅感知技术——2013AA06A411"、湖北省科技支撑计划项目"基于光纤传感技术的重大机械装备(群)健康监测与故障诊断服务云平台——2015A2028"两个课题的综合与提炼。

1.2　研究背景与意义

振动是自然界最普遍的现象之一。大至宇宙，小至粒子，无不存在振动。而在工程技术领域中，存在更多复杂的振动。比如，机械运转中各个机械器件的振动，建筑物在地震作用下的振动，桥梁在阵风或者车辆通过时的振动，车辆在行进过程中的振动，等等。

在国民经济的各个领域和社会生活的各个方面，存在各种机械设备，如电力机械、石化机械、工程机械、矿山机械、农业机械、机床、汽车、飞机、轮船、冲压设备、特种设备等，常见的有各种发动机、电机、压气机、风机、泵以及各种传动装置等机械设备。这些机械设备在工作时，无一例外地存在各种不同的振动。在多数情况下，振动会带来不可预知的负面影响。比如：振动会加剧构件的疲劳和磨损，缩短机械的使用寿命；振动会引起结构的变形，导致机械无法正常运转；有些特殊机械的颤振及抖振甚至会造成事故。为了保证机械设备的安全运转，有必要对机械振动进行监测以保证安全[1-3]。

在"中国制造2025"规划中，智能制造是主攻方向，是未来制造业发展的重大趋势和核心内容。"十三·五"期间，将通过智能化制造的试点示范，推动制造业重点领域基本实现数字化制造，其中一个具体目标是关键技术装备实现突破。而关键技术装备的研制中，有两个重点与光纤光栅监测有关。其一为智能传感与控制装备，即高性能光纤传感器、多传感器元件芯片集成的MCO芯片、视觉传感器及智能测量仪表、电子标签等采集系统装备；其二为智能检测与装配装备，包括设备全生命周期的健康检测诊断。因此，研发高性能光纤传感器，对于提高我国未来重大机械装备的设计、制造和管理维护水平具有重要意义[4-8]。

基于现有光纤光栅传感技术的应用与研究现状，本课题选择了机械设备中广泛存在的常见振动进行监测，即部件线振动监测、转轴角振动监测和轮齿振动监测，并且对这些监测中存在的科学问题开展了针对性的研究。本课题的研究目的如下。

（1）目前的研究多集中于用单个光纤光栅进行机械振动的监测。而本课题的研究目的之一是，将双光栅按一定方式固定在待测机械部件上，实现对物体线振动或角振动的在线监测。这种监测方式相对单个光栅监测具有如下三个优点：一是监测灵敏度加倍，二是通过双光纤光栅特征波长的差分可以消除温度影响，三是通过波长匹配实现基于光强测量的振动监测。

（2）现有光纤光栅传感技术大都基于光纤光栅所在位置具有均匀温变和应变的假定。但事实上，机械设备的构件上非均匀温变和应变广泛存在。因此，本课题的研究目的之二是，用微分方程数值计算方法、传输矩阵法和矩阵相似变换法，揭示非均匀温变、非均匀应变或动态应变下布喇格光纤光栅、超结构光纤光栅以及级联啁啾光纤光栅的光谱特征和变化规律，为光纤光栅传感技术在振动的监测应用上提供理论基础和知识储备。

（3）由惯性质量块和弹性支撑臂制作而成的光纤光栅加速度传感器是目前的一个研究热点，并已初步应用于结构的线振动监测。本课题的研究目的之三是，用挠度分析法和 ANSYS 分析方法，讨论并比较两种振子（即悬臂振子和桥式振子）的灵敏度和共振频率随支撑臂参数的变化规律。为解决温度干扰和系统成本问题，提出采用双 FBG（Fiber Bragg Grating，光纤光栅，又称光纤布拉格光栅）监测振动加速度的波长解调和强度测量两种方案。

（4）由于现有转轴监测手段的欠缺，本课题的研究目的之四是，实现对转轴的扭矩、扭转角及其振动的直接动态测量，为光纤光栅传感技术在转轴监测中的应用提供理论基础和知识储备。为此，本文设计了双 FBG 及双 CFBG（Chirped Fiber Bragged Grating，啁啾光纤布拉格光栅）监测转轴的扭转角及其振动的波长解调和强度测量两种方案。

（5）由于现有轮齿监测手段的欠缺，本课题的研究目的之五是，实现对轮齿形变及其振动的直接动态测量，为光纤光栅传感技术在轮齿监测中的应用提供理论基础和知识储备。为此，本文设计了双 FBG 对轮齿角振动进行在线监测实验。

总之，本课题的研究对于提高我国机械装备的设计、制造、管理维护水平，改进产品质量使其达到更加优良的可靠性、适用性、经济性，具有重要的科学与现实意义。

1.3 研究现状

机械设备是由很多零部件构成的，这些零部件都在按照各自的功能运转着。由于各种原因，机械设备的机械振动是十分复杂的。在牛顿力学中，按位移的特征，物体的运动被简单地分为平动和转动，相应地，机械振动也可简单地分为线振动和角振动。线振动是指设备整体或它的某一部件，沿着某一方向的往复振动，如发动机活塞的运动等。角振动是指部件或部件上的点围绕某一轴线沿着某一圆周方向的振动，它包括以下两种情况：转轴是机械装置的一个重要组成部分，起着动力传输的作用，在动力力矩和负载力矩的作用下，转轴会产生扭转角，由于动力和负载中存在的扰动和转轴损伤，会造成扭转角的振动；齿轮也是机械装置的一个重要组成部分，起着动力传输和调整速度的作用，在内外部激励和非线性因素作用下，齿轮轮齿会发生应变和振动。下面分别介绍三种机械振动监测技术的研究现状。

1.3.1　机械线振动的传感技术

在工程振动测试领域，绝大多数振动传感器都属于线振动的测量，其方法最多。按照参数转换方法的不同，振动传感器可分为机械类、电学类和光学类三种。

机械类振动传感器是将工程振动的参量转换成机械信号，再经机械系统放大后，进行测量、记录。常用的仪器有杠杆式测振仪和盖格尔测振仪，其优点是现场测试时较为简单、方便，抗干扰能力强，但是它的频率较低、频带范围小、精度不高，主要用于低频、大振幅振动及扭振的测量，所以随着技术的发展和新型传感器的出现，其应用变得越来越少。

电学类振动传感器是目前市场较为主流的振动传感器，它的原理是首先将机械振动量转换为电学量，进而对电学量测量，最终得到待测振动量。根据电学类振动传感器的机电转换原理的不同，可以将电学类振动传感器分为电容式、电阻式、电动式、压电式、电感式等。电学类振动传感技术比较成熟、灵敏度也高，但由于电气的特性，测量仪器易受电磁干扰、传输距离近，不适宜应用于大型工程的长期、远程实时监测。

光学类振动传感器是指将被测量的机械振动量转变成光学信号，利用光学系统和仪器进行处理，最终得到待测振动量。光学传感器的优缺点都很明显，如电气绝缘、测量精度高、频带范围大，然而对环境要求高，在灰尘较大的场所信号测量准确度较差，但是在振动测量领域前景广阔。

　　振动传感器的分类不是绝对的，彼此之间存在着相互交叉。如有的是将机械振动量的变化变换为电涡流参量的变化，最常见的例子是电涡流传感器，利用待测物体与传感器之间的距离变化来测量，因此也可以看做一种位移式传感器。有的是将机械量的变化转换为电荷的变化，当施加了足够的外力或惯性加速度时，其中的一些晶体将产生变形，晶体的表面或者极化面将产生电荷，因此可以看做压电式传感器或加速度传感器。

　　光纤光栅制备的技术随着学者和企业的研究，向实用化方面进展很快。光纤光栅除了具备普通光纤的优点外，因为自身传感信号是波长调制的，还具有测量信号不受光源起伏、光纤弯曲损耗及光源功率波动影响的众多优点，所以光纤光栅加速度传感器作为一种新型的振动传感器也逐步被更多学者所研究[9-11]。Kersey是最早采用光纤光栅进行振动信号测量的学者[12]。他采用的方法是在橡胶材料里进行封装，然后固定在铝块中。从此，国内外相关学者开始对基于梁结构的光纤光栅进行了广泛研究。Todd设计了基于双挠性梁结构的振动传感器[13]，对灵敏度进行了很大的提升。光纤光栅加速度传感器属于惯性传感器[14]，多采用悬臂梁结构作为弹性体，其基本原理如图1-1所示。悬臂梁的两端分别是基座和质量块，采用胶粘的方式来固定光纤光栅，或用其他方法将光纤光栅固定在悬臂梁上。当传感器受到外界振动时，质量块会由于惯性力随振动方向往复运动，从而带动悬臂梁产生弯曲，进而测量光栅变形产生的应变。在此基本原理之上，还衍生了多种结构多种形式的光纤光栅加速度传感器，其特点是性能稳定、结构比较简单，但是存在光栅容易啁啾及测量频率范围较窄的问题，使其多用于土木工程等低频振动测量领域[15-18]。

　　由于光纤光栅是和悬臂梁固定成一体的，所以悬臂梁弯曲时的非均匀应变也会直接传递给光栅，造成光栅的啁啾现象。为了避免这种现象的发生，就要对悬臂梁的结构或光栅的粘贴方式进

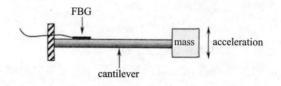

图 1-1　悬臂梁式加速度传感器示意图

行改进。西北工业大学陈超等人通过对变截面梁侧向施加载荷，实现光纤光栅中心波长的线性无啁啾调谐[19]。南开大学刘波等人同样完成了一种等强度梁的光纤光栅加速度传感器的设计及性能测试[20]。西北工业大学乔学光课题组报道了另外一种避免光纤光栅啁啾现象的方法[21]，将光栅部位不直接粘贴在弹性结构上，而是将光栅两端进行粘贴，光栅悬空，做成两点粘贴式，由直接测量弹性体的应变变成了测量弹性体两个粘贴点之间的位移变化。

　　为解决灵敏度以及温度干扰问题，不少课题组提出了差动式的方法。北京航空航天大学王广龙等人采用主梁与微梁相结合的差动结构[22]，质量块用主悬臂梁来支撑，选用两个微梁，位置位于主梁两边，并依靠微梁来感受应力，主梁和微梁的位置经过实验可以得到最优选择，从而获知最大灵敏度。南京航空航天大学叶婷等人利用光纤光栅容易随弯曲形变的特性[23]，增加了增敏特性，利用双光栅进行温补，将这一振动传感器用到了航空结构的振动监测控制中。印度学者 Basumallick 等人也提出了一种增敏方式[24]，他们在悬臂梁的表面上增加一个聚酰亚胺层，进而粘贴光纤光栅，在不降低传感器谐振频率的基础上，灵敏度提高了 1 倍，达到很好的增敏效果。Tengli 等人设计了一种差动结构[25]，使光纤光栅振动传感器中灵敏度系数与固有频率之间此消彼长的问题得以解决，实现了内部结构设计中灵敏度和固有频率同时满足测量的要求，并提高了传感器的测量带宽。

　　除了悬臂梁结构以外，人们还提出了其他各种结构的加速度传感器。例如图 1-2 所示是中科院半导体研究所等报道的一种膜片式加速度传感器[26]，其圆形膜片的中心轴沿着振动方向，质量块安装于膜片的中心轴上，膜片周边与传感器基体固定，光纤光栅沿着轴向直接粘贴于膜片上。也可以将两个光纤光栅分别垂直安装于膜片的两侧，做成差动式传感器，光栅的一端与基体固定，另一端固定于膜片中心。这种方式下光栅是非接触式的，可以避免啁啾现象。

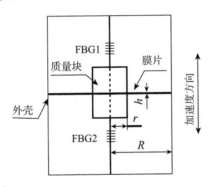

图 1-2 膜片式加速度传感器的结构示意图

美国微光公司和丹麦 BK 公司还报道了基于铰链结构的光纤光栅加速度传感器，该结构的优点是可以进行高频率的测量，其测量频率超过 1000Hz。在灵敏度方面做得较好的是戴玉堂课题组，达到了 200pm/g，但在产品化方面美国微光公司和丹麦 BK 公司明显领先。

在工程应用中存在一些特殊领域。在这些领域中，一维测量已经不能满足需要，需要同时测量多维振动的信息，比如航空、汽车碰撞检测等。为此，在单向传感器的基础上，很多学者提出了多维传感器的设计方案并取得了不错的实验效果[27-32]。武汉理工大学张东生课题组提出了一种二维振动测量方案[33]，他们将四个光纤光栅粘贴在质量块一侧的钢管表面应变的最大处，如图 1-3 所示，光栅依次分布在沿钢管圆周呈 90°方位角的位置上，这个方案还同时实现了温度补偿。

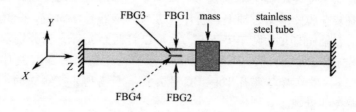

图 1-3　一种二维加速度传感器的原理图

山东省科学院王金玉等人发明了一种基于柔性铰链的光纤光栅三维加速度传感器[34]，在壳体内设置有 L 形基座和三个单轴柔性铰链，每个单轴柔性铰链垂直于敏感轴方向的上表面开设有光纤沟槽，光纤光栅固定在沟槽内，通过实验测得的数据，其灵敏度较高，能够实现三个方向加速度的测量。日本学者 Morikawa 提出了一种在质量块中央，三个方向分别固定三组光纤光栅的设计方案[35]，如图 1-4 所示，该方案虽然从原理上可以实现三维加速度的测量，但是由于公用一个质量块，使得传感器的各个方向之间的横向干扰比较大。

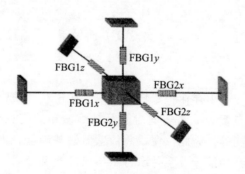

图 1-4　一种三维加速度传感器的原理图

上述光纤光栅传感器是用解调仪读取光纤光栅的波长值，从而采集信号，但目前解调仪的频率较低，比如基于 F-P 腔原理的目前国内报道最高的是 4000Hz，基于 CCD 原理的解调仪频率是 8000Hz。与电子类传感器的信号采集频率 10kHz 甚至更高频率相比，与高转速机械设备的需求相比，光纤光栅波长解调仪都存在着差距。为此，测量光栅的强度变化也是一个可选方案，可以解决波长型解调无法解决的高频问题，但存在光路不稳定影响测量结果的问题。常用的强度解调方案有光栅匹配法、边缘滤波法、光栅啁啾法等[36]。

武汉理工大学张东生等人在 2007 年研制了一种基于匹配滤波解调的振动传感器[37]，他们首先对悬臂梁上的匹配光栅进行静态的精确调整，并做好标定实验，最后传感器不仅具有振动传感功能，还具备了动态波长解调，并具有温度补偿功能，图 1-5 所示为光栅匹配法解调的原理图。后期他们又提出了一种推挽式的加速度传感器，传感器基体与质量块之间采用锡焊方式连接，传感光栅采用啁啾光栅并使用金属铜来镀膜，这样可以避免对裸光栅的直接拉伸，而且弹性系数也得以提高，实验结果表明其谐振频率大于 3000Hz。

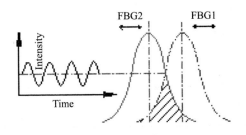

图 1-5 光栅匹配法解调的原理图

武汉理工大学徐刚等人于 2013 年设计了一种强度型加速度传感器[38]，并提出了对光路不稳定的补偿方法，其结构示意图如图 1-6 所示。在两个传感光栅之间布设了补偿光栅，光栅 1 的信号反射后一部分传给光电转换 1，另一部分作为光源传给参考光栅，进而输入光电转换 2，最后光电转换的信号 1 和 2 做比值，此方法解决了光强不稳的问题。

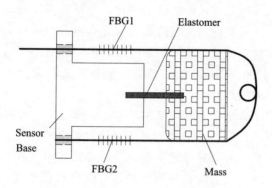

图 1-6　一种强度型加速度传感器的结构示意图

1.3.2　转轴扭转角的传感技术

伴随着科技的发展、机械系统的复杂化，机械设备中转轴所承受的力也越来越复杂。通过监控转轴的旋转参数以发现转轴的缺陷或故障，对于防止发生意外事故是非常重要的。旋转动力机械中转轴测量的关键参数是转轴的扭矩。通过扭矩的测量，可以为被测零件的正常安全运转提供有效的数据支撑[39]。为了提高机械的生产和使用效率，并延长设备的使用时间，研制可靠且稳定的扭矩监测设备并获得真实数值就显得更加有意义[40]。

机械测量中，会对不同的力学量进行测量。扭矩的测量是其中比较复杂的一种。对扭矩进行测量，可以选用传递法、能量转换法、平衡力法等[41]。传递法因为其使用便捷，所以应用最为广泛。传递法的原理是被测部件在受到扭力变化时，某项物理参数会发生一定程度的变化，通过对该物理参数的测量，建立它与扭矩之间的对应关系。根据其所测物理参数的不同，又可以分为应变式、振弦式、光电式、光纤式等多种扭矩测量方法[42-47]。

应变式扭矩测量法是在转轴上直接粘贴应变片，如图 1-7 所

示，通过换算扭矩与应变之间的关系，以测得扭矩的大小。转轴
最大剪应变产生在与轴线成 45°角的方向上，所以在粘贴应变片
时，也沿此方向粘贴才是最佳选择。应变式扭矩测量法的优点是
结构简单、成本低廉、操作简便、应用范围广，但是环境的温度
和湿度、选择的粘结剂的类型等都会影响到结果的准确度[48]。直
接粘贴式传感器的另一个问题就是在动态在线检测时信号传输较
为麻烦[49]，传感器及其引线需要随着转轴一起转动。常用的信号
传输方法有两种：一是无线传输，在转轴上安装一个无线信号发
生器，这种方法无疑会改变转轴本身的平衡，容易造成新的问
题，还需要定期更换电池，造成设备临时停机；二是通过导电滑
环传输信号，这种方法对选择的滑环要求较高，否则会造成信号
的不稳定，而机械设备现场的复杂环境往往又十分容易引起这种
问题。

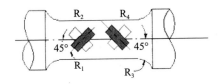

图 1-7　应变式扭矩测量方法的原理图

　　为了解决直接安装法的不便，间接法受到了广泛的关注，并
拥有了大量的市场[50-51]。市场上所卖的扭矩传感器都是一个独立
的器件，使用时要将其与转轴进行串联。扭矩传感器的原理是将
扭矩转换成扭转角或者扭应力，然后再转换成电信号进行输出，
其中转轴可以是实心轴、空心轴或矩形轴等。按照物理原理，扭
矩传感器可分为振弦式、光电式、磁电式三种，如图 1-8 所示。
　　振弦式扭矩传感器的原理是，利用频率与张力之间存在一定
的函数关系，将张力转换成电学量，再计算扭矩[52]。光电式扭矩
传感器的原理是，利用扭矩与光电脉冲之间的函数关系，当产生
扭转变形时，随着透光口的增大，光电流脉冲宽度也增大，扭矩

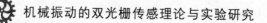

继而增大，可以得到扭矩。这种扭矩传感器要求光源必须稳定[53]。磁电式扭矩传感器是在转轴上安装有两个相隔一定距离的齿盘，每个齿盘上都带有一个磁电传感器，当受扭矩作用齿盘旋转时，两个传感器所测到的交变电动势之间有一定的相位差，通过换算可进行扭矩测量[54-56]。但这种方法在测量低速的旋转扭矩信号时精度较低，测量高速旋转的扭矩信号时又容易受电磁干扰，信号不平稳，故测量的适用面较窄。

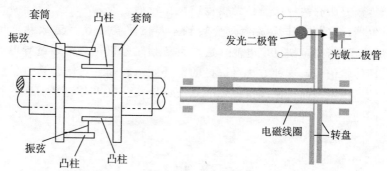

(a) 振弦式扭矩传感器的结构原理图　　(b) 光电式扭矩传感器的结构原理图

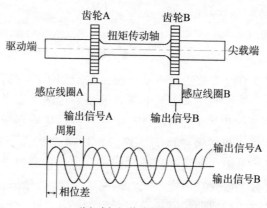

(c) 磁电式扭矩传感器结构原理图

图 1-8　三种扭矩传感器的结构原理图

由于光纤光栅的优良特性，采用光纤光栅进行扭矩测量在近几年开始成为研究热点。其中，南开大学在扭矩的静态测量方面发表过多篇文章[57-58]，他们首先通过理论推导研究了扭角与光纤光栅中心波长的关系，经过实验研究了恒温条件下光纤光栅监测扭转角的方案，理论的推导与实验的结论一致，并实现了扭转角的传感灵敏度达到 $10.715°/nm$。由于光纤光栅对应变和温度同时敏感，环境的温度变化很容易引起交叉干扰，他们又设计了一种新的结构，将单个光栅粘贴在扭转轴和固定端的交界处，在受到扭矩时，粘贴在固定端处的光栅部分不受扭矩影响，起到温度补偿的作用，实现了单个光栅同时测量温度和扭矩的目的。实验结果表明，扭矩、温度和扭转角都具有较好的灵敏度。随后他们又提出了一种实心-空心组合梁的结构，利用两种梁在受扭矩时扭转角不同、但对温度敏感性一致的原理，采用差值法消除了温度对扭矩的测量 F 影响。他们提出的这些方法对于扭矩的静态测量起到了不错的效果，但却无法应用到机械设备的动态在线测量。

台湾大学的 LA Wang 等人采用了长周期光栅进行扭矩的测量[59]，为了达到一种高的灵敏度，实验选用了 $0.35nm/(rad/m)$ 的传感器，证实了一个足够长的换能器可以满足扭矩测量的灵敏度需求。但这种方法同样存在温度交叉干扰问题，甚至比 FBG 光栅更为复杂。电子科技大学的饶云江也通过 CO_2 激光脉冲制作长周期光栅进行了扭矩的测量[60]，同样证实了温度对其影响的严重性，需额外增加措施。香港理工大学 Xiaogeng Tian 等人提出用光栅沿轴的一定角度缠绕粘贴以测量轴的主应变[61]，其与轴的扭矩成比例，但在解决温度干扰问题方面，需要采用独立的温度轴进行补偿。Kruger 提出采用 2 根光纤光栅分别沿轴的 $\pm45°$ 粘贴[62]，然后对 2 个光栅的数据进行求和与求差，即共模和差模。其差模与转轴的扭矩相关，受温度的影响极小；共模为轴的温度变化。该方法可以同时解决轴的扭矩和温度测量问题。南开大学张伟刚等人提出了一种基于组合扭转梁的扭转测量方法[63]，使用单一的 FBG 光栅，将其布设于塑料轴内，一半连接到一个实心的扭转梁，而另一半是固定到一个不太刚性的空气孔扭转梁，可用于扭矩的独立测量，与温度无关，虽然这样可以达到较高的灵敏度，但是无法应用在实际工业上。台湾成功大学的 Yu-Lung Lo 等人提出了一种新的高双折射光纤扭转传感器解调方案[64]，使用琼斯矩阵分析了扭曲的 Hi-Bi 双光纤传感器的特性，并从两个反射的 FBG 的强度比，得到了测量的 Hi-Bi 双光纤的扭曲角，这种结构较为复杂，并且因为是透射型的移动设备，对温度比较敏感。约翰内斯堡大学的 Pieter 等人在一个固定的轴上进行了实验[65]，提出扭转温度响应的现象，并对扭转和温度交叉灵敏度进行了分析。

1.3.3 齿轮应变与振动的传感技术

机械装备中的动力传动系统在国民经济的很多领域均有应用，对其安全性和可靠性的监测甚为重要。齿轮传动系统作为一种传递动力和匹配转速的机械装置，由于长期并连续工作在高负载条件下，所以受损导致的故障率会较高，而一旦受损后，传动系统会停止运转。在传动系统的实际运转中，会由于各种外在的安装原因或制造的误差原因等，从而引起齿轮的各种故障，如断齿、磨损、齿面点蚀等。因此，要针对这些问题，提前做好故障监测系统，保证动力传动系统的正常运转。

目前，常用的齿轮故障检测方法主要有振动信号分析、油液分析、声信号分析三种。振动信号分析法是通过采集齿轮在运行状态过程中在轴和轴承上产生的振动、噪声等信号，然后通过频谱分析、EMD 分析、Hilbert 变换等信号分析方法对振动信号进行分析，实现故障的分析和诊断。油液分析法是依据摩擦磨损理论，分析齿轮的润滑液以实现对齿轮的故障诊断。前者是目前使用最广泛、应用最成熟的方式，其原理简单，但对信号处理提出了很高的要求。但是，这两类方式所采集的信号并不是直接来自齿轮，因而均不能实现对故障的准确定位。

机械监测诊断技术中应用最早、也是最多的的一类，是基于振动信号的分析。相关的研究主要集中在信号的处理与降噪、故障特征分析等若干方面。齿轮的振动主要有以下两个特征[66-68]：第一，由于齿轮偏心、断齿、加工不精细等缺陷会引起振动，从而出现两个对应特征，幅值调制和频率调制。第二，如果齿轮存在小的局部故障，系统的固有振动将被激发，会出现一定周期的冲击衰减波形。

针对齿轮的故障，研究者提出了各种不同的故障特征提取和诊断方法。Combet 提出了一种基于时间同步平均信号的可变振幅的解调技术[69]，即在网格谐波幅值变化情况下进行齿轮故障诊断，这种自适应解调技术在齿轮变速啮合振幅的条件下运行，并保持了在不同网格幅值条件下齿轮局部故障检测的有效性。浙江大学沈路小组采用形态小波降噪法和改进的 EMD 方法用于提取齿轮故障特征[70-71]，针对齿轮故障特征往往被强背景噪声淹没的问题，先对原始故障信号进行消除噪音的处理，去噪滤波器采用开-闭-开级联，然后通过 EMD 方法将不同的频率信号分离，而后消除其中的虚假分量，利用分解得到的各阶固有模态函数的单一性特点，继而对分量信号进行解调，从而提取故障特征。太原理工大学的熊诗波等人，利用小波包对信号的分辨率分解和重构能力较高的特点[72]，先将信号分解到不同的频率段，再选择有用的进行故障信号重构，因而能够从总体振动信号中提取早期的齿轮故障特征。上海交通大学的毕果，通过建立齿轮的循环平稳模型[73]，分析其振动特征，再结合数学分析和循环统计量理论，对故障的物理本质进行研究分析，实现了对齿轮微弱故障信号的特征提取。浙江大学的张帅，构建了风电齿轮箱状态监测与故障诊断系统的框架[74]，针对其中的齿轮故障及其故障振动信号的特征，用奇异值分解的方法对齿轮的振动信号进行特征提取，接着使用吸引子轨迹矩阵，使得噪声能量可以分散开，振动特征信号得以从强噪声信号中提取出来。

应用光纤光栅进行齿轮监测,则是最近几年才开始的。昆明理工大学的庄君刚针对齿轮的特点,设计了旋转式 FBG 位移传感器的机械结构[75],建立了传感模型,确定了各个零件的尺寸和规格,利用自己加工的零件通过实验获得了传感器的静态性能参数。河南大学的张伟伟设计了 FBG 传感器的动车组齿轮箱的振动监测系统[76],通过对采集到的动车组齿轮箱振动信号的分析研究,实现了动车运行状态下对动车组齿轮箱振动的在线实时监测,该系统具有一定的应用价值。陈亮等将光纤光栅传感器直接封装在齿轮箱的轴承附近[77],当振动冲击传递到齿轮箱上,会引起齿轮的磨合磨损、稳定磨损、剧烈磨损的几个阶段,其振动特征有明显区别,采用广义分形维数分析法,搭建监测平台,实现对齿轮箱进行状态监测。

1.3.4　光纤光栅传感技术在机械振动监测中的科学问题

前面分别简述了部件线振动、转轴角振动和轮齿振动的传感技术,特别是光纤光栅传感技术的应用与研究现状。由于机械振动信号的动态特性和旋转机构的特殊性、光纤光栅高频解调仪的技术突破缓慢等原因,光纤光栅技术在机械设备监测中的应用受到极大限制,所以大都处于起步阶段[78-84]。可以看出和预测,光纤光栅传感技术因其独特的优点将在这些机械振动监测中的应用越来越广泛和成熟。但在光纤光栅传感技术从起步阶段到成熟应用之前,还有许多科学问题和技术问题需要逐个解决。

1. 光纤光栅技术在机械设备线振动监测中的应用

武汉理工大学已实现了对多种机械设备的监测[85-87],如武钢1580 轧机监测、中材国际集团立式辊磨机受力状态监测、武钢水泵站机群的振动测试,以及中国石化武汉分公司压缩机组长期实时在线安全监测等。以压缩机组在线安全监测系统为例,通过对压缩机组运行情况,特别是压缩机缸盖部位振动和气阀温度的实时在线监测，可以对压缩机组的整体运行状态和安全性做出准确判断，为压缩机组使用、维修提供依据，从而提高压缩机组的经济性和安全性。此外，还对一些大型装备开发了光纤光栅安全监测系统，如太原重工股份有限公司的 125MN 快速锻造液压机拉杆工作应力监测系统、上海港 MU200t×110m 造船龙门起重机结构中的实时监控技术开发、上海港 2600t 大型浮吊安全监测、秦皇岛煤炭装卸设备结构应变动态运行长期安全监测系统、武汉长江过江隧道施工盾构机的安全监测等。

应用于构件线振动的光纤光栅振动传感器，也称光纤光栅加速度传感器，常常被制作成一个带有光纤尾线的探头，俗称光纤光栅振动传感器。在应用时，只需把它按一定方式固定在待测构件或机器的表面，以便监测垂直于构件表面的加速度。但在这些光纤光栅振动传感器中，尚有一些需要解决的问题存在。

光纤光栅振动传感器有两个重要参量，其一是传感器的灵敏度，其二是传感器的工作频率范围。人们在使用传感器时，一方面希望传感器的灵敏度越高越好，另一方面，又要求传感器的共振频率较大和工作频率范围较宽。但事实上，在基于惯性振子的传感器中，这二者始终是有冲突的。为此，很多科研工作者设计了各种结构和形状的惯性振子及其振动结构，如悬臂梁式、桥式、薄膜式、铰链式及其各种变化结构。但无论结构和形状设计得多么复杂，这两个参数都要根据具体情况设计和选择。

2. 光纤光栅技术在转轴扭转角及其振动监测中的应用

由于转轴扭矩、扭转角及其振动监测的重要性及其他监测手段的缺陷，人们开始尝试采用光纤光栅进行转轴扭矩、扭转角及其振动的监测。目前的研究多集中于对转轴的静态测量；动态测量不多见，无法满足实际应用的要求，成品传感器也未有报道。主要有以下几个方面问题：

（1）当使用光纤光栅波长解调方法时，人们对光纤光栅的波长漂移与转轴的扭矩、扭转角及其振动、转轴温度之间的关系尚

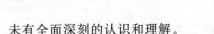

未有全面深刻的认识和理解。

（2）当使用光纤光栅强度测量方法时，人们对光纤光栅的反射光的强度与转轴的扭矩、扭转角及其振动、转轴温度之间的关系未有全面深刻的认识和理解。

（3）机械设备在运行时，其旋转机构都以一定速度的运转，因此光信号通过光纤的输入和输出都是很大的挑战。所以要将光纤光栅传感技术顺利地应用于转轴监测上，必须解决好光信号在转轴与地面器件之间的无线传输问题。

3. 光纤光栅技术在齿轮监测中的应用

齿轮是传递动力和匹配转速的关键装置，齿轮轮齿在高转速、高载荷的不断冲击下容易受到损害。因此，对轮齿的变形及振动监测其实是十分重要的。但在光纤光栅传感技术出现之前，人们都是将传感探头安放在远离轮齿的齿轮箱上进行间接监测。即使在光纤光栅传感技术不断发展的今天，也只有少量工作报道了用光纤光栅进行远离轮齿的间接监测。由于轮齿的几何尺寸狭小，齿轮运转时轮齿的应力应变随空间和时间的变化关系十分复杂，所以在光纤光栅传感技术和光信号在转轴与地面器件之间的无线传输问题解决以前，人们一直没能提出直接有效的监测手段，更是缺乏对光纤光栅在轮齿监测中的相关理论与实验技术的初步认识和理解。

1.4　课题内容与组织结构

针对机械设备中存在的部件线振动、转轴角振动和轮齿振动，基于现有光纤光栅传感技术的应用与研究现状以及存在的科学问题，开展了针对性的研究。

本课题主要内容安排如下。

第1章阐述了用光纤光栅传感技术对机械振动进行监测的背景和意义，并解释了选择双光栅进行监测的优点，介绍了机械振动中部件的线振动、转轴角振动和轮齿振动的监测技术研究现状、光纤光栅传感技术在机械设备状态监测和故障分析方面的发展历程，以及光纤光栅传感技术应用中存在的科学问题，最后还介绍了本文的主要研究内容及组织结构。

第 2 章针对三种振动光纤光栅传感技术的共性问题，研究非均匀温变、非均匀应变、动态应变对光纤光栅的光谱及其特征参数的影响，探讨非均匀温变和非均匀应变以及三个耦合系数对超结构光纤光栅的光谱及其特征参数的影响，最后还模拟级联啁啾光纤光栅(CFBG)的反射光谱。

第 3 章针对线振动的光纤光栅传感器，简要论述并总结传感振子的两种研究方法，即挠度分析法和 ANSYS 分析方法。挠度分析法是一种简化近似法，包括等效力学模型、振动方程、灵敏度以及共振频率等主要概念和规律。本章将以挠度分析法为主、ANSYS 模态分析法为辅，讨论并比较两类典型振子(即悬臂振子和桥式振子)的灵敏度和共振频率随悬臂梁参数的变化规律。

第 4 章针对线振动的光纤光栅传感器，提出采用双 FBG 监测振动加速度的方案，包括波长解调和强度测量两种方案，并探讨悬臂梁倾角对双 FBG 特征波长差及监测系统电压幅值的影响。在强度测量方案中，通过模拟计算探讨两个普通 FBG 反射谱的主瓣面积与反射谱中心波长的依赖关系，提出两个光纤光栅中心波长差的工作区间；从理论上推导出经过光电转换与放大电路后的电压信号与振动加速度以及传感器放置倾角的定量关系。为验证上述思路，搭建基于双 FBG 和强度测量的振动监测系统，并进行实验测量。

第 5 章针对转轴角振动的光纤光栅传感，设计双 FBG 监测转轴的扭转角及其振动的波长解调和强度测量两种方案。在波长解调方案中，研究两个普通 FBG 反射谱的特征波长与温度、扭矩和扭转角的定量关系；在强度测量方案中，提出采用级联 CFBG 和光电转换及放大电路的监测旋转轴的扭矩、扭角及其角振动的方案，探讨经过光电转换与放大电路后的电压信号与扭矩、扭角的定量关系。

第 6 章针对轮齿形变及振动的光纤光栅传感，设计双 FBG 监测轮齿的形变及其振动的方案，研究两个普通 FBG 反射谱的特征波长与温度、扭矩和扭转角的定量关系；并提出采用级联 FBG 监测转轴的扭矩、扭角及其角振动的方案。

第 7 章是全文总结与展望。首先对本课题的工作进行了总结，然后给出了课题的创新点，指出需要继续深入研究的内容以及未来工程应用的思路和方法。

本课题的组织结构如图 1-9 所示。

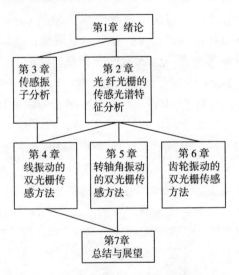

图 1-9　课题的组织结构图

第 2 章　光纤光栅的传感
光谱特征分析

　　光纤光栅虽短，但亦有约 7 毫米之长。在此长度范围之内，一般来说，光纤光栅各点所承受的温变和应变都非相同，故而均匀温变和均匀应变实为假设。因此，作为光纤光栅在机械振动监测中的理论基础，本章运用微分方程的数值解法，对光纤布拉格光栅(FBG)的耦合方程进行数值求解，研究非均匀温变、非均匀应变以及动态线性应变对光纤光栅的光谱及其特征参数的影响，探讨非均匀温变、非均匀应变对超结构光纤光栅的光谱及其特征参数的影响。最后，还利用传输矩阵法研究啁啾系数和中心波长差等对级联啁啾光纤布拉格光栅(CFBG)的反射光谱的影响。

2.1　非均匀温变下光纤光栅的反射谱

　　FBG 作为光纤的无源器件，具有很好的应变和温度响应特性。当应力变化或温度改变时，其特定的反射中心波长会随之改变，由于其良好的温度响应特点，常常将 FBG 作为温度的测量传感器[88-91]。在实验或者工程应用中，一般都是假设光栅上的温度是均匀分布，但实际应用中 FBG 上的温度一般来说是不均匀的，这就影响了测量精度。

　　事实上，温度梯度的测量在某些要求精密化程度较高的工程应用中十分重要。为了解决这个问题，有必要探讨温度的不均匀性对 FBG 反射光谱的影响。为此，首先对 FBG 上的温度项进行泰勒展开，取其一阶和二阶项，即温度梯度项和二次温变项。从反射谱中获取温度梯度有不同的方法，台湾大学的 Hsu-Chih

Cheng 课题组测量了反射光谱的四个光纤光栅分布[92]，运用遗传算法重建梯度项。阿斯顿大学的 WonPC 通过光栅响应测得的光谱[93]，利用拟合参数传递矩阵模型的方法进行重构，但是这种重构法都会用时较多，无法应用于实时在线测量。这里选用耦合方程的方法进行模拟，探讨了线性和二次温变对 FBG 的谱形的影响，得到了反射光谱对温度梯度的依赖关系。

对单模光纤上的 FBG，总折射率微扰可写为[88-91]

$$\Delta n(z) = \Delta n_0 \left[1 + \eta \cos(\frac{2\pi}{\Lambda_B} z + \varphi(z)) \right] \tag{2-1}$$

其中调制系数是 η（在本文中选用 $\eta = 1.0$）；微扰中会存在一些"直流"分量，用 Δn_0 表示；光栅周期用 Λ_B 表示；$\varphi(z)$ 为均匀光栅的附加相位，数值为 0。

FBG 温度分布沿长度正的方向可表达为

$$\Delta T(z) = \Delta T_0 + k_{t1} z + k_{t2} z^2 \tag{2-2}$$

其中 ΔT_0 为温度变化；L 为光栅长度，这里 $z \in [0, L]$；$k_{t1} = [dT/dz]_{z=0}$ 是 $z = 0$ 处的温度梯度，$k_{t2} = [d^2 T/2 dz^2]_{z=0}$ 是泰勒展开的二阶系数。

当 FBG 经受温度改变时，附加相位为

$$\varphi(z) = -\frac{2\pi z}{\Lambda_B} \cdot \frac{(\alpha_{co} + \xi_{co}) \Delta T(z)}{1 + (\alpha_{co} + \xi_{co}) \Delta T(z)} \tag{2-3}$$

其中 α_{co} 和 ξ_{co} 是光纤的线性膨胀和有效弹光系数。FBG 的耦合模方程为[88-91]：

$$\frac{dA_{co}}{dz} = i\kappa_{co} \exp(-i2\delta_{co} z + i\varphi) B_{co} \tag{2-4}$$

$$\frac{dB_{co}}{dz} = -i\kappa_{co} \exp(i2\delta_{co} z - i\varphi) A_{co} \tag{2-5}$$

A_{co} 是纤芯中前向基模的幅值，B_{co} 为后向基模的幅值；它们之间的耦合系数用 κ_{co} 表示；失谐量[88-91]

$$\delta_{co} = \frac{1}{2} (2\beta_{co} - \frac{2\pi}{\Lambda_B}) \tag{2-6}$$

这里 $\beta_{co} = 2\pi n_{eff}^{co}/\lambda$ 为传播常数；纤芯基模的有效折射率用 n_{eff}^{co} 表示。

对式(2-4)和(2-5)使用四阶龙格库塔法进行求解,FBG 的反射谱可以被求出。

对一个初始均匀的 FBG (参数如下:光纤参量 $\lambda_B = 1550nm$, $L = 4mm$, $\alpha_{co} = 0.5 \times 10^{-6}/℃$, $\xi_{co} = 8.3 \times 10^{-6}/℃$),当温度改变时,其反射光谱将发生平移,波长漂移为 $\Delta\lambda_B = \lambda_B(\alpha+\xi)\Delta T_0$。首先考虑温度梯度 k_{t1} 对反射谱的影响,参量 $\Delta T_0 = 20℃$ 和 $k_{t2} = 0$ 被选定。图 2-1(a)显示了不同 k_{t1} 值下的反射谱,其中心波长为 1550nm,实线分别是 k_{t1} 等于 0、$2.5 \times 10^{-6}℃/nm$、$5 \times 10^{-6}℃/nm$、$7.5 \times 10^{-6}℃/nm$ 和 $10 \times 10^{-6}℃/nm$ 时的反射谱。从图 2-1(a)可以看出,如果是线性温度变化,FBG 的反射谱中心波长是对称的。

为了进一步讨论,计算了不同 k_{t1} 值时的波长漂移、极值强度和半高宽,如图 2-1(b)所示。上三角符号给出的是 FBG 的反射率对 $(\alpha+\xi)k_{t1}L$ 的依赖关系,点曲线由拟合公式画出:

$$R_m = A_2 + (A_1 - A_2)/\{1 + \exp[(x-x_0)/\Delta x]\} \tag{2-7}$$

这里 $A_1 = 0.8679$, $A_2 = 0.0442$, $x_0 = 342.5$, $\Delta x = 80.0$, x 是 $(\alpha+\xi)k_{t1}L/2$。可以看出,当 k_{t1} 不是太大时,极值强度随 k_{t1} 单调下降。图 2-1(b)中,钻石符号代表极值强度,圆圈符号代表半高宽,方块符号对应波长漂移,实线用公式 $\Delta\lambda_B(k_{t1}) = 0.2728 + 0.054\,56k_{t1}$ 来拟合波长漂移。为理解上述公式,尝试把 $\Delta T(L) = \Delta T_0 + k_{t1}L/2$ 代入均匀温度变化下 FBG 的波长漂移公式 $\Delta\lambda_B = \lambda_B(\alpha+\xi)\Delta T$,可以得到

$$\Delta\lambda_B = \lambda_B(\alpha+\xi)(\Delta T_0 + k_{t1}L/2) \tag{2-8}$$

由于 $\lambda_B(\alpha+\xi)\Delta T_0 = 0.2728nm$, $\lambda_B(\alpha+\xi)L/2 = 0.054\,56nm^2/℃$,拟合公式与模拟结果是一致的,可以用来描述当经历线性温度变化后 FBG 的波长漂移。前面推导过程中,光栅长度为 $L = 4mm$。为验证结论,选定 $k_{t1} = 5 \times 10^{-6}℃/nm$,光栅长度分别为 2mm、2.5mm、3mm、3.5mm、4.5mm 和 5mm,可以得到式(2-7)与模拟结果一致。当人们使用 FBG 作为传感器时,温变的测量值只是 FBG 中点的温变值,FBG 两端的温变分别为 $\Delta T_{mid} - k_{t1}L/2$ 和

$\Delta T_{\mathrm{mid}} + k_{t1} L/2$。

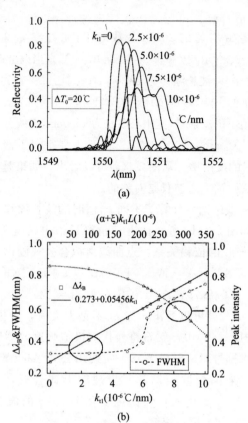

(a)

(b)

图 2-1　温度梯度 k_{t1} 对反射谱的影响

（a）不同 k_{t1} 值下 FBG 的反射谱；（b）中心波长漂移、峰值强
度和 FWHM 与温度梯度 k_{t1} 曲线关系，这里 $\Delta T_0 = 20$ ℃固定

　　为了解二次温变 k_{t2} 对 FBG 反射谱的影响，图 2-2(a) 和 (b) 给
出了 $k_{t1} = 0$ 和 5.0×10^{-6} ℃/nm 两种情形下不同 k_{t2} 值时的反射
谱。图中的虚线是 k_{t2} 等于 0 时的反射谱，其他实线分别是 k_{t2} 等
于 1×10^{-12} ℃/nm^2、2×10^{-12} ℃/nm^2 和 4×10^{-12} ℃/nm^2 时的反
射谱。可以看出，二次温变存在时 FBG 的反射谱是非对称的，

而且随 $k_{t2}L^2$ 的增加更加扭曲。通过对线性和二次温变下 FBG 耦合方程的数值计算，可以看出，线性温变下 FBG 的反射谱对中心波长是对称的，且中心波长漂移由均匀温变和温度梯度共同决定，而峰值强度仅仅依赖于温度梯度。

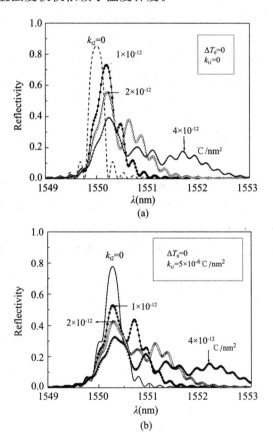

图 2-2　二次温变 k_{t2} 对 FBG 反射谱的影响

（a）$k_{t1}=0$ 时不同 k_{t2} 值下 FBG 的反射谱；

（b）$k_{t1}=5.0\times10^{-6}\,℃/nm$ 时不同 k_{t2} 值下 FBG 的反射谱

2.2 非均匀应变下光纤光栅的反射谱

传统连续介质力学认为，一点的应力只跟该点应变有关，忽略了泰勒展开的高阶项；而应变梯度理论认为，一点的应力不仅跟该点的应变有关，还跟该点的应变梯度相关，应变梯度也就是位移的二阶导数。由于 FBG 良好的应变响应特点，常常将其作为应变的测量传感器。在实验或者工程应用中，一般都是假设光栅上的应变是均匀分布，泰勒展开的高阶项不考虑，仅在光栅长度范围内考虑空间分辨率[94-96]。但这样的假设是不符合实际情况的，有些工程应用需要精度保证，为此要考虑应变分布泰勒展开的一阶和二阶项[97]。

从反射谱中获取应变梯度有不同的方法。本文选用耦合方程的方法进行模拟，探讨了线性和二次应变对 FBG 谱形的影响，得到了反射光谱对应变梯度的依赖关系[98]。

对单模光纤上的 FBG，折射率微扰可写为[88-91]

$$\Delta n(z) = \Delta n_0 \left[1 + \eta \cos\left(\frac{2\pi}{\Lambda_B} z + \varphi(z)\right) \right] \qquad (2\text{-}9)$$

其中调制系数是 η（在本文中选用 $\eta = 1.0$）；微扰中会存在一些"直流"分量，用 Δn_0 表示；光栅周期用 Λ_B 表示；$\varphi(z)$ 为均匀光栅的附加相位，数值为 0。

FBG 应变分布沿长度正的方向可表达为

$$\varepsilon(z) = \varepsilon_0 + k_1 z + k_2 z^2 \qquad (2\text{-}10)$$

其中 ε_0 为均匀应变；L 为光栅长度，这里 $z \in [0, L]$；$k_1 = [\mathrm{d}\varepsilon/\mathrm{d}z]_{z=0}$ 是 $z = 0$ 处的应变梯度；$k_2 = [\mathrm{d}^2\varepsilon/2\mathrm{d}z^2]_{z=0}$ 是泰勒展开的二阶系数。

当光纤光栅经受应变为 $\varepsilon(z)$ 时，附加相位为

$$\varphi(z) = -\frac{2\pi z}{\Lambda_B} \cdot \frac{(1 - p_e)\varepsilon(z)}{1 + (1 - p_e)\varepsilon(z)} \qquad (2\text{-}11)$$

其中 p_e 为有效弹光系数，本文中固定为 0.22。FBG 的耦合模方

程为[88-91]

$$\frac{\mathrm{d}A_{\mathrm{co}}}{\mathrm{d}z}=\mathrm{i}\kappa_{\mathrm{co}}\exp(-\mathrm{i}2\delta_{\mathrm{co}}z+\mathrm{i}\varphi)B_{\mathrm{co}} \qquad (2\text{-}12)$$

$$\frac{\mathrm{d}B_{\mathrm{co}}}{\mathrm{d}z}=-\mathrm{i}\kappa_{\mathrm{co}}\exp(\mathrm{i}2\delta_{\mathrm{co}}z-\mathrm{i}\varphi)A_{\mathrm{co}} \qquad (2\text{-}13)$$

A_{co} 是纤芯中前向基模的幅值，B_{co} 为后向基模的幅值，它们之间的耦合系数用 κ_{co} 表示，失谐量

$$\delta_{\mathrm{co}}=\frac{1}{2}\left(2\beta_{\mathrm{co}}-\frac{2\pi}{\Lambda_{\mathrm{B}}}\right) \qquad (2\text{-}14)$$

这里传播常数为 $\beta_{\mathrm{co}}=\dfrac{2\pi n_{\mathrm{eff}}^{\mathrm{co}}}{\lambda}$；纤芯基模的有效折射率为 $n_{\mathrm{eff}}^{\mathrm{co}}$。对 (2-12) 和 (2-13) 使用四阶龙格库塔法进行求解，FBG 的反射谱可以被求出。

对一个初始均匀的 FBG (参量 $\lambda_{\mathrm{B}}=1550\mathrm{nm}$，$L=4\mathrm{mm}$，$\varepsilon_{0}=200\mu\varepsilon$，$k_{2}=0$ 选定)，经历均匀应变 ε_{0} 时，其反射谱发生平移，波长漂移 $\Delta\lambda_{\mathrm{B}}=\lambda_{\mathrm{B}}(1-p_{\mathrm{e}})\varepsilon_{0}$，因此首先考虑应变梯度 k_{1} 对反射谱的影响。图 2-3(a) 显示了不同 k_{1} 值下的反射谱，图中虚线是 k_{1} 为 0 时的反射谱，实线分别是 k_{1} 等于 0、$0.5\times10^{-10}\,\mathrm{nm}^{-1}$、$1.0\times10^{-10}\,\mathrm{nm}^{-1}$、$1.5\times10^{-10}\,\mathrm{nm}^{-1}$ 和 $2.0\times10^{-10}\,\mathrm{nm}^{-1}$ 时的反射谱。从图中看出，如果是线性应变化，FBG 的反射谱其中心波长是对称的。

为了进一步讨论，计算了不同 k_{1} 值时的波长漂移、极值强度和半高宽，如图 2-3(b) 所示。其中钻石符号代表极值强度，圆圈符号代表半高宽、方块符号对应波长漂移。可以看到，当 k_{1} 不是太大时，极值强度随 k_{1} 单调下降，实线用公式 $\Delta\lambda_{\mathrm{B}}(k_{1})=0.2418+0.4836k_{1}$ 拟合波长漂移。为理解上述公式，尝试把 $\varepsilon(L)=\varepsilon_{0}+k_{1}L$ 代入均匀应变下 FBG 的波长漂移公式 $\Delta\lambda_{\mathrm{B}}=\lambda_{\mathrm{B}}(1-p_{\mathrm{e}})\varepsilon$，可以得到

$$\Delta\lambda_{\mathrm{B}}=\lambda_{\mathrm{B}}(1-p_{\mathrm{e}})\varepsilon_{0}+\lambda_{\mathrm{B}}(1-p_{\mathrm{e}})k_{1}L/2 \qquad (2\text{-}15)$$

这里 $\lambda_{\mathrm{B}}(1-p_{\mathrm{e}})\varepsilon_{0}=0.2418\mathrm{nm}$，$\lambda_{\mathrm{B}}(1-p_{\mathrm{e}})L/2=0.4836\times10^{10}\,\mathrm{nm}^{2}$。拟合公式与模拟结果是一致的，可以用来描述当经历线性应变后，FBG 的波长漂移。前面推导过程中，光栅长度选为 $L=4\mathrm{mm}$。此

外，还模拟了长度分别选择为 2mm、2.5mm、3mm、3.5mm、4.5mm 和 5mm 的光栅，也得到了与式(2-15)一致的结果。在区间$[0, L]$内，FBG 应变的正负，取决于线性应变项 k_1z 的正负；当 k_1 大于 0 时，反射谱的移动方向为长波方向；当 k_1 小于 0 时，反射谱的移动方向为短波方向。

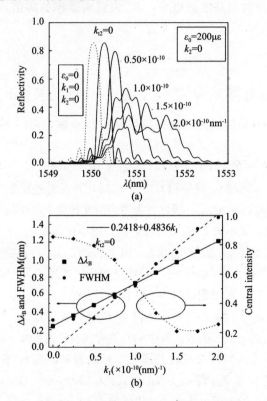

图 2-3　应变梯度 k_1 对反射谱的影响

(a)FBG 对应不同 k_1 值的反射谱，虚线为无应变时反射谱；
(b)波长漂移、峰值强度和 FWHM 与应变梯度 k_1，实线按公式 $\Delta\lambda_B = 0.2418 + 0.4836k_1$ 给出，这里常应变 $\varepsilon_0 = 200\mu\varepsilon$

为了解二次应变 k_2 对 FBG 的影响，图 2-4 给出了 $k_1 = 0$ 和

$1.0 \times 10^{-10}\,\mathrm{nm^{-1}}$ 两种情形下不同 k_2 值时的反射谱。其中图2-4(a)
中虚线是 k_2 为 0(也就是零应变)时的反射谱,实线是 k_2 分别为
$10 \times 10^{-18}\,\mathrm{nm^{-2}}$、$20 \times 10^{-18}\,\mathrm{nm^{-2}}$ 和 $30 \times 10^{-18}\,\mathrm{nm^{-2}}$ 时的反射谱。
图 2-4(b)中给出 k_2 分别为 0、$10 \times 10^{-18}\,\mathrm{nm^{-2}}$ 和 $20 \times 10^{-18}\,\mathrm{nm^{-2}}$ 时的反
射谱。可以看出,二次应变存在时 FBG 的反射谱是非对称的,而
且随 k_2 的增加更加扭曲。

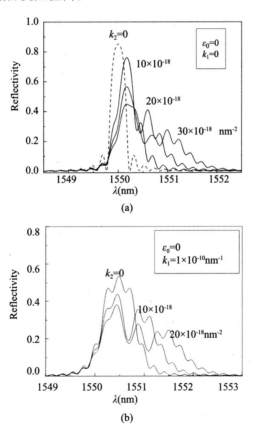

图 2-4　对应不同 k_2 值的 FBG 反射谱,虚线为无应变时反射谱,
这里常应变 $\varepsilon_0 = 0$

接下来，将区间扩展为 $z\in[z_0,z_f]$，仍采用式(2-10)，这里，$z_0<0<z_f$，FBG 的两个端点为 z_0 和 $z_f=z_0+L$，其中的 z_0 可调。图 2-5(a)给出了 $[z_0,z_f]$ 区间内 FBG 线性应变时的反射谱，这里 $\varepsilon_0=0$，$k_1=1.0\times10^{-10}\,\mathrm{nm}^{-1}$，$k_2=0$。通过一系列的模拟，扩展区间后的波长漂移公式如下[99]：

$$\Delta\lambda_B=\lambda_B(1-p_e)[\varepsilon_0+k_1(z_0+z_f)/2] \qquad (2-16)$$

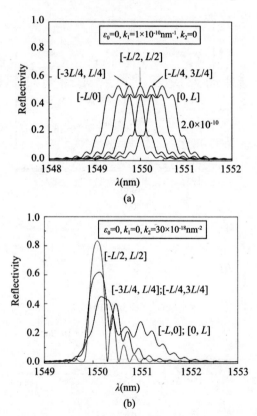

图 2-5　FBG 经历应变 $\varepsilon(z)=\varepsilon_0+k_1z+k_2z^2$ 时的反射谱，
这里常应变 $\varepsilon_0=0$

从图中可以看出，当 $z\in[z_0,0]$ 时，波长漂移是向短波方向，当

$z \in [0, z_f]$ 时，波长漂移是向长波方向，应变大小的绝对值相同时，它们是对称的，而总的波长漂移由其代数和决定。当使用单个 FBG 作传感测量时，一般来说测量的只是 FBG 中点的应变值 ε_m，其左侧端点的应变为 $\varepsilon_m - k_1 L/2$，右侧端点的应变为 $\varepsilon_m + k_1 L/2$。

图 2-5(b)给出了 FBG 在区间 $[z_0, z_f]$ 内，经历应变 $\varepsilon(z) = \varepsilon_0 + k_1 z + k_2 z^2$ 时的反射谱，这里 $\varepsilon_0 = 0$，$k_1 = 0$，$k_2 = 30 \times 10^{-18} \mathrm{nm}^{-2}$。可以看出，在区间 $[z_0, z_f]$ 内，FBG 在二次应变下的反射谱是非对称的，$k_2(z_0^2 + z_f^2)$ 决定其扭曲程度。

2.3 动态应变下光纤光栅的反射谱

机械振动是物体相对其平衡位置的往复运动，当 FBG 或者装配有光纤光栅的加速度传感器固定在这些振动物体上时，光纤光栅经历的应变也会随时间周期性变化。在这一部分，我们将对经受动态非均匀应变的 FBG 采用数值模拟方法，探讨动态线性应变对 FBG 反射谱的影响。

对单模光纤上的 FBG，如果经历一个动态应变，总折射率微扰可写为[88-91]

$$\Delta n(z, t) = \Delta n_0 \left[1 + \cos\left(\frac{2\pi}{\Lambda_B} z + \varphi(z, t)\right) \right] \qquad (2-17)$$

其中 z 是轴坐标；t 是时间；Δn_0 可认为是折射率微扰的"直流"分量；Λ_B 为 FBG 的周期，对均匀光栅附加相位为 0。FBG 的耦合方程为：

$$\frac{\mathrm{d}A_{co}}{\mathrm{d}z} = \mathrm{i}\kappa_{co} \exp[-\mathrm{i}2\delta_{co}z + \mathrm{i}\varphi(z, t)] B_{co} \qquad (2-18)$$

$$\frac{\mathrm{d}B_{co}}{\mathrm{d}z} = -\mathrm{i}\kappa_{co} \exp[i2\delta_{co}z - \mathrm{i}\varphi(z, t)] A_{co} \qquad (2-19)$$

其中 A_{co} 和 B_{co} 分别是纤芯中前向和后向基模（LP$_{01}$）的幅值，失谐量

$$\delta_{co} = \frac{1}{2}\left(2\beta_{co} - \frac{2\pi}{\Lambda_B}\right) \qquad (2-20)$$

这里 $\beta_{co} = \dfrac{2\pi n_{eff}^{co}}{\lambda}$ 为传播常数，n_{eff}^{co} 是纤芯基模的有效折射率，耦合系数 κ_{co} 描述前向基模和后向基模的耦合。使用四阶龙格库塔法求解式(2-18)和(2-19)可以得到 FBG 的反射谱。假定 FBG 的动态非均匀应变可写为：

$$\varepsilon(z,\ t) = \varepsilon_0(t) + k_1(t)z + k_2(t)z^2 \tag{2-21}$$

这里 $z \in [0,\ L]$，L 是光栅长度；$z=0$ 处的应变为 $\varepsilon_0(t)$，应变梯度为 $k_1(t)$，相应的附加相移为[100]：

$$\varphi(z,\ t) = -\frac{2\pi z}{\Lambda_B} \cdot \frac{(1-p_e)\varepsilon(z,\ t)}{1+(1-p_e)\varepsilon(z,\ t)} \tag{2-22}$$

其中 p_e 是有效弹光系数，本书中 p_e 固定为 0.22。

首先，讨论了动态线性应变对 FBG 反射谱的影响。作为一个例子，选择 $\varepsilon_0(t)=200\mu\varepsilon$，$k_2(t)=0$，$k_1(t)=120\sin(\omega t)\mu\varepsilon/\mathrm{mm}$（$\omega$ 是圆频率）。图 2-6 给出了 FBG 在时刻 $\omega t = (0、1/4、2/4、3/4、1、5/4、6/4、7/4、2)\pi$ 时的反射谱。从图中可以看出，FBG 经历动态线性应变，其反射谱是中心波长对称的。图 2-7 给出了中心波长漂移和峰值强度对动态应变梯度的依赖关系。方块表示中心波长漂移的模拟值，实线是按照公式 $\Delta\lambda_B(t) = 0.2418 + 1209.0 k_1(t)/2L$ 画出。

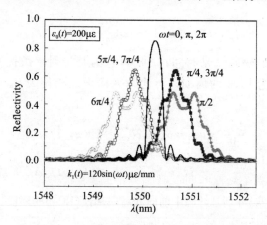

图 2-6　经历动态线性应变的 FBG 在几个时刻的反射谱

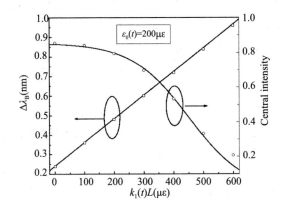

图 2-7　波长漂移和峰值强度对动态线性应变的关系

在求解微分方程时，是在空间坐标求解，那么时间参量 t 可认为是一个常量。动态应变梯度 $k_1(t)$ 对中心波长漂移所起的作用，可以用下式表示

$$\Delta \lambda_B(t) = \lambda_B(1 - p_e)[\varepsilon_0(t) + k_1(t)L/2] \tag{2-23}$$

考虑到 $\lambda_B = 1550\text{nm}$，$\lambda_B(1 - p_e)\varepsilon_0 = 0.2418\text{nm}$ 和 $\lambda_B(1 - p_e) = 1209.0\text{nm}$，可以看出，模拟结果与式（2-23）一致。在图 2-7 中，圆圈表示中心波长对 $x = |k_1(t)L|$ 的依赖关系，曲线按拟合公式

$$R_m[x] = \frac{A}{1 + \exp[(x - x_0)/\Delta x]} \tag{2-24}$$

绘出，这里 $A = \tanh^2(\pi \Delta n_0 L/\lambda_B) = 0.855$ 是应变梯度为 0 时 FBG 的最大反射率，$x_0 = 450.0$ 和 $\Delta x = 95.0$ 是拟合参数。可以看出，当应变梯度 $k_1(t)L$ 在 $[0, 500\mu\varepsilon]$ 时，拟合公式与模拟数据吻合。

可以看出，通过选择坐标范围 $z \in [0, L]$ 时，讨论并观察在动态线性应变下，FBG 的反射谱和中心波长的变化。当坐标范围选择 $z \in [-L/2, L/2]$ 时，可以看到中心波长漂移是独立于应变梯度的，即：

$$\Delta \lambda_B(t) = \lambda_B(1 - p_e)\varepsilon_0(t) \tag{2-25}$$

在这种情况下，$z\in[-L/2,0]$内的线性梯度对于中心波长漂移的贡献是负的，$z\in[0,L/2]$内的线性梯度对于中心波长漂移的贡献是正的，它们的代数和为 0。事实上，当选取 $\varepsilon(z,t)=(c_0+m_0z)\sin\omega t$，$c_0=(-2571，0 \text{ 或者 } 500)\times10^{-6}\mu\varepsilon$，$m_0=(0，40 \text{ 或者 } 400)\times10^{-3}$ m^{-1}，$\omega=200\pi$Hz，$\lambda_B=1540.2$nm，$z\in[-L/2，L/2]$时，可以得到文献[101]中 FBG 的反射谱。

然后，我们讨论动态二次应变对 FBG 反射谱的影响。选择 $\varepsilon_0(t)=0$，$k_1(t)=0$，$k_2(t)=30\times10^{-18}\sin(\omega t)$ $\mu\varepsilon/$mm^2（ω 是圆周率），图 2-8 给出了 FBG 在 $\omega t=4\pi/3$、$7\pi/6$、$13\pi/12$、0、$\pi/12$、$\pi/6$、$\pi/3$ 时刻的反射谱。可以看出：（1）经历动态二次应变 FBG 的反射谱关于中心波长是非对称的；（2）当反射系数 $k_2>0$ 时，反射谱的长波侧瓣增强，当反射系数 $k_2<0$，反射谱的短波侧瓣增强。

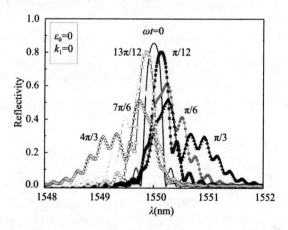

图 2-8　动态二次应变 $\varepsilon(z,t)=k_2(t)z^2$ 下 FBG 的反射谱，
其中 $k_2(t)=30\times10^{-18}\sin(\omega t)\mu\varepsilon/$mm^2，$z\in[0,L]$

2.4　超结构光纤光栅的光谱特征

超结构光纤光栅是一种特殊的光栅结构，既有 FBG 的反射特性，又有包层模的耦合特性。因其特殊的滤波特性、严格的波长间隔及成本低廉等特点，它已引起了学者的广泛注意。FBG 的调制周期小于 $1\mu m$，而长周期光纤光栅的调制周期是 $100\sim 1000\mu m$。通过传统的激光刻写方法，可以在单模光纤 FBG 的固定位置处刻写 LPFG，从而形成超结构光纤光栅(SFG)[102-103]。声学激励也可以在单模光纤上形成一个沿着光纤传输的弹性纵波，引起光纤上折射率周期性涨落，从而形成一个动态传输的 LPFG[104]。为探讨 FBG 在声波监测中的应用，有必要研究由 FBG 和 LPFG 构成的超结构光纤光栅(SFG)的特性。

2.4.1　非均匀应变和温变对超结构光栅光谱的影响

在 SFG 中，存在两种重要耦合，分别是前向基模与反向基模之间的耦合、基模与同向包层模之间的耦合。对应的耦合方程具有两点边界条件，采用矩阵法或者四阶龙格库塔法是十分困难的。我们将耦合方程采用相似变换方法，研究应变梯度和温度梯度对 SFG 透射谱和反射谱的影响[105-106]。

SFG 的总折射率微扰可以写成

$$\Delta n(z) = \Delta n_1(z) + \Delta n_2(z) \tag{2-26}$$

其中

$$\Delta n_1(z) = \Delta n_{10}\Big[1 + \eta_1 \cos(\frac{2\pi}{\Lambda_B}z + \varphi_B(z))\Big] \tag{2-27}$$

$$\Delta n_2(z) = \Delta n_{20}\Big[1 + \eta_2 \cos(\frac{2\pi}{\Lambda_S}z + \varphi_S(z))\Big] \tag{2-28}$$

Δn_{10} 和 Δn_{20} 是折射率微扰的"直流"分量；η_1 和 η_2 表示折射率微扰的可见度(数值计算中一般选择 $\eta_1 = \eta_2 = 1.0$)；Λ_B 和 Λ_S 分别是 FBG 和 LPFG 的周期；$\varphi_B(z)$ 和 $\varphi_S(z)$ 表示附加相位，依赖于光

栅上应力和温度的变化量。

直到一阶近似，SFG 上的应变分布可写为 $\varepsilon(z)=\varepsilon_0+k_s z$，其中，$z\in[0,L]$，$L$ 为光栅长度，ε_0 为 $z=0$ 处的应变，k_s 为应变梯度。相应地，FBG 的附加相位为

$$\varphi_B(z)=-\frac{2\pi z}{\Lambda_B}\cdot\frac{(1-p_e)\varepsilon(z)}{1+(1-p_e)\varepsilon(z)} \qquad (2\text{-}29)$$

LPFG 的附加相位为

$$\varphi_S(z)=-\frac{2\pi z}{\Lambda_S}\cdot\frac{(1+\Gamma_{strain})\varepsilon(z)}{1+(1+\Gamma_{strain})\varepsilon(z)} \qquad (2\text{-}30)$$

$$1+\Gamma_{strain}=\frac{(1-p_{co})n_{eff}^{co}-(1-p_{cl})n_{eff}^{cl}}{n_{eff}^{co}-n_{eff}^{cl}} \qquad (2\text{-}31)$$

其中 $p_{co}(=p_e)$ 是纤芯的有效弹光系数；p_{cl} 是包层的有效弹光系数；n_{eff}^{co} 和 n_{eff}^{cl} 分别是纤芯基模和包层模的有效折射率。

相似地，SFG 上的温度分布可以表示为 $\Delta T(z)=\Delta T_0+k_t z$，$T_0$ 为 $z=0$ 处的温变，k_t 为温度梯度。FBG 的附加相位为

$$\varphi_B(z)=-\frac{2\pi z}{\Lambda_B}\cdot\frac{(\alpha_{co}+\xi_{co})\Delta T(z)}{1+(\alpha_{co}+\xi_{co})\Delta T(z)} \qquad (2\text{-}32)$$

其中 α_{co} 和 ξ_{co} 分别是纤芯的线膨胀系数和热光系数。LPFG 的附加相位表示为

$$\varphi_S(z)=-\frac{2\pi z}{\Lambda_S}\cdot\frac{(\alpha+\Gamma_{temp})\Delta T(z)}{1+(\alpha+\Gamma_{temp})\Delta T(z)} \qquad (2\text{-}33)$$

$$\alpha+\Gamma_{temp}=\frac{(\alpha_{co}+\xi_{co})n_{eff}^{co}-(\alpha_{co}+\xi_{cl})\ n_{eff}^{cl}}{n_{eff}^{co}-n_{eff}^{cl}} \qquad (2\text{-}34)$$

ξ_{cl} 是光纤包层的热光系数。当 SFG 经历应变或温变时，纤芯和包层的前向基模和反向基模的振幅满足以下耦合模方程

$$\frac{dA^{co}}{dz}=i\kappa_{co}\exp(-i2\delta_{co}z+i\varphi_B)B^{co}+i\kappa_S\exp(-i2\delta_S z+i\varphi_S)A^{cl}$$

$$(2\text{-}35)$$

$$\frac{dB^{co}}{dz}=-i\kappa_{co}\exp(i2\delta_{co}z-i\varphi_B)A^{co} \qquad (2\text{-}36)$$

$$\frac{dA^{cl}}{dz}=i\kappa_S\exp(i2\delta_S z-i\varphi_S)A^{co} \qquad (2\text{-}37)$$

A^{co} 和 B^{co} 分别是前向基模和反向基模的振幅，A^{cl} 是前向包层模的振幅，δ_{co} 和 δ_{S} 是失谐参数。耦合系数 κ_{co} 和 κ_{S} 分别描述前向基模与反向基模之间的耦合、以及基模与同向包层模之间的耦合，它们依赖于 Δn_{10}、Δn_{20} 和其他光纤参数[104],[112]。

用 z_0 和 z_f 标记 SFG 的始点和终点坐标，$z_f - z_0 = L$ 是光栅长度，$z \in [z_0, z_f]$，耦合模方程(2-35)～(2-37)的解可用矩阵表达为

$$
\begin{bmatrix} A^{co}(z) \\ B^{co}(z) \\ A^{cl}(z) \end{bmatrix} = e^{Q(z, z_0)} \begin{bmatrix} A^{co}(z_0) \\ B^{co}(z_0) \\ A^{cl}(z_0) \end{bmatrix}
\tag{2-38}
$$

其中

$$
Q(z, z_0) = -\int_{z_0}^{z} dz \begin{bmatrix} 0 & i\kappa_{co} e^{-i2\delta_{co} z + i\varphi_B} & i\kappa_S e^{-i2\delta_S z + i\varphi_S} \\ -i\kappa_{co} e^{i2\delta_{co} z - i\varphi_B} & 0 & 0 \\ i\kappa_S e^{i2\delta_S z - i\varphi_S} & 0 & 0 \end{bmatrix}
\tag{2-39}
$$

令 $z = z_f$，从式(2-39)可得到 $Q(z_f, z_0)$。对于 SFG，矩阵 $Q(z_f, z_0)$ 有三个特征向量 v_1、v_2、v_3，相应的特征值为 h_1、h_2、h_3。记 $V = [v_1, v_2, v_3]$，H 是特征值 h_1、h_2、h_3 组成的对角矩阵，则

$$
e^{Q(z_f, z_0)} = Ve^H V^{-1} \equiv \begin{bmatrix} r_{11} & r_{12} & r_{13} \\ r_{21} & r_{22} & r_{23} \\ r_{31} & r_{32} & r_{33} \end{bmatrix}
\tag{2-40}
$$

进一步地，从式(2-38)可以得到

$$
\begin{bmatrix} A^{co}(z_f) \\ B^{co}(z_0) \\ A^{cl}(z_f) \end{bmatrix} = \begin{bmatrix} 1 & -r_{12} & 0 \\ 0 & -r_{22} & 0 \\ 0 & -r_{32} & 1 \end{bmatrix}^{-1} \begin{bmatrix} r_{11} & 0 & r_{13} \\ r_{21} & -1 & r_{23} \\ r_{31} & 0 & r_{33} \end{bmatrix} \begin{bmatrix} A^{co}(z_0) = 1 \\ B^{co}(z_f) = 0 \\ A^{cl}(z_0) = 0 \end{bmatrix}
\tag{2-41}
$$

由此可以得到透射强度 $|A^{co}(z_f)|^2$ 和 $|A^{cl}(z_f)|^2$、反射强度 $|B^{co}(z_0)|^2$。

不失一般性，选择单模光纤的参数为：纤芯半径 $a_1 = 4.15\mu m$，

包层半径 $a_2 = 62.5\mu m$，纤芯折射率 $n_1 = 1.5321$，包层折射率 $n_2 = 1.5265$，空气折射率 $n_3 = 1.0$。FBG 的周期和长度分别是 $\Lambda_B = 469nm$ 和 $L_B = 2mm$，LPFG 的周期和长度分别是 $\Lambda_S = 390\mu m$ 和 $L_S = 20mm$。据此，可以得到基模的有效折射率 n_{eff}^{co} 和 7 阶包层模的有效折射率 n_{eff}^{cl} 随波长的依赖关系，如图 2-9 所示。

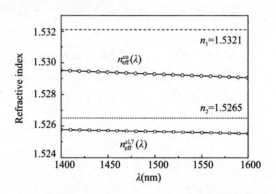

图 2-9　基模的有效折射率和 7 阶包层模的有效折射率

首先，我们探讨应变对 SFG 透射光谱和反射光谱的影响。应变梯度为 0 时，图 2-10 给出了不同的初始应变 0、1.0mε 和 2.0mε 下 SFG 的透射谱和反射谱。当初始应变为 0 时，图 2-11 给出了不同的应变梯度 0、1.0×10^{-10}/mε 和 2.0×10^{-10}/mε 下 SFG 的透射谱和反射谱。

通过一系列的模拟，可以得到 FBG 反射谱的中心波长漂移 $\Delta\lambda_B$

$$\Delta\lambda_B = \lambda_B(1 - p_e)(\varepsilon_0 + k_s L_B) \tag{2-42}$$

对于 LPFG 的 ν 阶包层模，波长漂移 $\Delta\lambda_\nu$ 为

$$\Delta\lambda_\nu = \frac{d\lambda_\nu}{d\varepsilon}(\varepsilon_0 + k_s L_S) \tag{2-43}$$

在共振波长 $\lambda_7 = 1452.0nm$ 处，可以得到 $d\lambda_7/d\varepsilon = 5.17nm/m\varepsilon$。

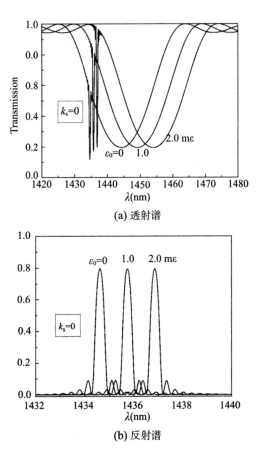

(a) 透射谱

(b) 反射谱

图 2-10　不同的初始应变下 SFG 的透射谱和反射谱

　　模拟结果表明 SFG 在应变梯度的作用下，其反射谱和包层模的透射谱按确定规则独立漂移，据此可以求出光栅所在位置的应变梯度。

　　然后，探讨温变对 SFG 透射光谱和反射光谱的影响。温度梯度为 0 时，图 2-12 给出了不同初始温变 0 ℃、50 ℃和 100 ℃下 SFG 的透射谱和反射谱。当初始温变为 0 时，图 2-13 描述了不同

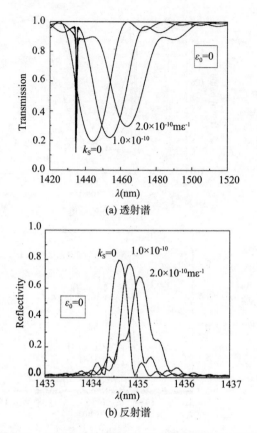

(a) 透射谱

(b) 反射谱

图 2-11　不同的应变梯度下 SFG 的透射谱和反射谱

温度梯度 0、1.0×10^{-10}℃/nm 和 2.0×10^{-10}℃/nm 下 SFG 的透射谱和反射谱。

通过一系列的模拟，可以得到 FBG 反射谱的中心波长的漂移为

$$\Delta \lambda_B = \lambda_B (\alpha + \xi)(\Delta T_0 + k_t L_B) \tag{2-44}$$

对于 LPFG 的 ν 阶包层模，波长漂移 $\Delta \lambda_B$ 为

$$\Delta \lambda_{\nu} = \frac{\mathrm{d}\lambda_{\nu}}{\mathrm{d}T}(\Delta T_0 + k_t L_S) \tag{2-45}$$

在共振波长 $\lambda_7 = 1452.0 \text{nm}$ 处，可以得到 $d\lambda_7/dT = 0.0527$ nm/℃。

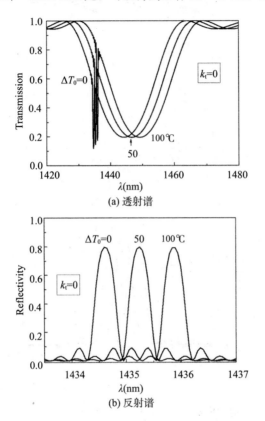

(a) 透射谱

(b) 反射谱

图 2-12　不同初始温变下 SFG 的透射谱和反射谱

　　模拟结果表明，SFG 在温度梯度的作用下，其反射谱和包层模的透射谱按确定规则独立漂移，据此可以求出光栅所在位置的温度梯度。

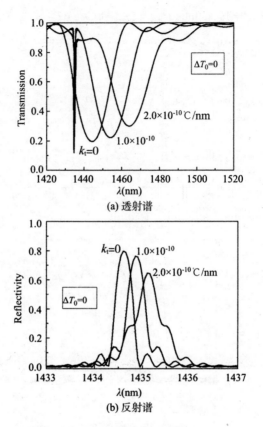

图 2-13　不同温度梯度(0、1.0×10^{-10} ℃/nm、2.0×10^{-10} ℃/nm)

下 SFG 的透射谱和反射谱

2.4.2　耦合系数对超结构光栅光谱的影响

把声波引入到 FBG 光纤中,一列弹性波就会沿着光纤轴线方向传播,导致光纤内部发生微弯,这种微弯起到 LPFG 的作用,使得纤芯基模与包层模发生耦合[107-110]。在超结构光纤光栅中,存在三种耦合,分别是前向基模与反向基模之间的耦合,基模与同向包层模之间的耦合,以及基模与反向包层模之间的耦合。前面已经讨论了，使用基本矩阵法或者四阶龙格库塔法仅有两点边界条件，其复杂的初值猜测很难求解。本文采用相似变换方法[111]分别对三个耦合系数进行讨论，进而求解其对超结构光栅光谱的影响。

SFG 的总折射率微扰如方程（2-26）～（2-28）所示，纤芯基模和包层模的振幅满足如下耦合模方程

$$\frac{dA^{co}}{dz} = i\kappa_{co}\exp(-i2\delta_{co}z)B^{co} + i\kappa_{S}\exp(-i2\delta_{S}z)A^{cl}$$
$$+ i\kappa_{cl}\exp(-i2\delta_{cl}z)B^{cl} \tag{2-46}$$

$$\frac{dB^{co}}{dz} = -i\kappa_{co}\exp(i2\delta_{co}z)A^{co} - i\kappa_{cl}\exp(i2\delta_{cl}z)A^{cl}$$
$$- i\kappa_{S}\exp(i2\delta_{S}z)B^{cl} \tag{2-47}$$

$$\frac{dA^{cl}}{dz} = i\kappa_{S}\exp(i2\delta_{S}z)A^{co} + i\kappa_{cl}\exp(-i2\delta_{cl}z)B^{co} \tag{2-48}$$

$$\frac{dB^{cl}}{dz} = -i\kappa_{cl}\exp(i2\delta_{cl}z)A^{cl} - i\kappa_{S}\exp(-i2\delta_{S}z)B^{co} \tag{2-49}$$

其中 A^{co} 和 B^{co} 分别是前向基模和反向基模（LP$_{01}$）的振幅，A^{cl} 和 B^{cl} 分别是前向包层模和反向包层模（LP$_{11}$）的振幅。失谐参数

$$\delta_{co} = \frac{1}{2}\left(2\beta_{co} - \frac{2\pi}{\Lambda_B}\right) \tag{2-50}$$

$$\delta_{cl} = \frac{1}{2}\left(\beta_{co} + \beta_{cl} - \frac{2\pi}{\Lambda_B}\right) \tag{2-51}$$

$$\delta_S = \frac{1}{2}\left(\beta_{co} - \beta_{cl} - \frac{2\pi}{\Lambda_S}\right) \tag{2-52}$$

其中，$\beta_j = \frac{2\pi n_{eff}^{(j)}}{\lambda}$，$j = (co, cl)$。$\beta_{co}$ 和 n_{eff}^{co} 分别代表基模 LP$_{01}$ 的传播常数和有效折射率；β_{cl} 和 n_{eff}^{cl} 分别代表包层模 LP$_{11}$ 的传播常数和有效折射率。耦合系数 κ_{co} 描述前向基模与反向基模之间的耦合、κ_{cl} 描述基模与反向包层模之间的耦合，κ_S 描述基模与同向包层模之间的耦合，它们依赖于 Δn_{10}、Δn_{20} 和其他光纤参数。

SFG 的始点用坐标 z_0 表示，终点用坐标 z_f 表示；光栅长度

$L = z_f - z_0$；$z \in [z_0, z_f]$。耦合模方程(2-46)~(2-49)的解可用矩阵表达为

$$
\begin{bmatrix}
A^{co}(z) \\
B^{co}(z) \\
A^{cl}(z) \\
B^{cl}(z)
\end{bmatrix}
= e^{Q(z,z_0)}
\begin{bmatrix}
A^{co}(z_0) \\
B^{co}(z_0) \\
A^{cl}(z_0) \\
B^{cl}(z_0)
\end{bmatrix}
\tag{2-53}
$$

这里

$$
Q(z, z_0) = -\int_{z_0}^{z} dz
\begin{bmatrix}
0 & i\kappa_{co}e^{-i2\delta_{co}z} & i\kappa_S e^{-i2\delta_S z} & i\kappa_{cl}e^{-i2\delta_d z} \\
-i\kappa_{co}e^{i2\delta_{co}z} & 0 & -i\kappa_{cl}e^{i2\delta_d z} & -i\kappa_S e^{i2\delta_S z} \\
i\kappa_S e^{i2\delta_S z} & i\kappa_{cl}e^{-i2\delta_d z} & 0 & 0 \\
-i\kappa_{cl}e^{i2\delta_d z} & -i\kappa_S e^{-i2\delta_S z} & 0 & 0
\end{bmatrix}
\tag{2-54}
$$

令 $z = z_f$，从式(2-54)可得到 $Q(z_f, z_0)$。对超结构光纤光栅，矩阵 $Q(z_f, z_0)$ 有四个特征向量 v_1、v_2、v_3、v_4，相应的特征值为 λ_1、λ_2、λ_3、λ_4。记 $V = [v_1, v_2, v_3, v_4]$，Λ 是特征值为 λ_1、λ_2、λ_3、λ_4 的对角矩阵，则矩阵 $Q(z_f, z_0)$ 可表达为

$$
Q(z_f, z_0) = V\Lambda V^{-1}
\tag{2-55}
$$

从而

$$
e^{Q(z_f,z_0)} = V e^{\Lambda} V^{-1} \equiv
\begin{bmatrix}
r_{11} & r_{12} & r_{13} & r_{14} \\
r_{21} & r_{22} & r_{23} & r_{24} \\
r_{31} & r_{32} & r_{33} & r_{34} \\
r_{41} & r_{42} & r_{43} & r_{44}
\end{bmatrix}
\tag{2-56}
$$

进一步地，从式(2-53)可以得到

$$
\begin{bmatrix}
A^{co}(z_f) \\
B^{co}(z_0) \\
A^{cl}(z_f) \\
B^{cl}(z_0)
\end{bmatrix}
=
\begin{bmatrix}
1 & -r_{12} & 0 & -r_{14} \\
0 & -r_{22} & 0 & -r_{24} \\
0 & -r_{32} & 1 & -r_{34} \\
0 & -r_{42} & 0 & -r_{44}
\end{bmatrix}^{-1}
\begin{bmatrix}
r_{11} & 0 & r_{13} & 0 \\
r_{21} & -1 & r_{23} & 0 \\
r_{31} & 0 & r_{33} & 0 \\
r_{41} & 0 & r_{43} & -1
\end{bmatrix}
\begin{bmatrix}
A^{co}(z_0) = 1 \\
B^{co}(z_f) = 0 \\
A^{cl}(z_0) = 0 \\
B^{cl}(z_f) = 0
\end{bmatrix}
\tag{2-57}
$$

由此可得透射强度 $|A^{co}(z_f)|^2$ 和 $|A^{cl}(z_f)|^2$、反射强度 $|B^{co}(z_0)|^2$

和 $|B^{cl}(z_0)|^2$。

不失一般性，单模光纤的参数为：纤芯半径 $a=4.0\mu m$，包层半径 $b=15.0\mu m$，折射率 $n_1=1.466$，$n_2=1.460$ 和 $n_3=1.0$。图 2-14 给出了基模的有效折射率 n_{eff}^{co} 和第一个包层模的有效折射率 n_{eff}^{cl} 随波长的依赖关系。FBG 的周期 $\Lambda_B=526.9nm$。由耦合条件 $\delta_{co}=0$，两个基模在波长 $\lambda_B=2n_{eff}^{co}\Lambda_B=1541.50nm$ 处发生反向耦合。令 $\delta_{cl}=0$，可得 $n_{eff}^{cl}(\lambda)=-n_{eff}^{co}+\dfrac{\lambda}{\Lambda_B}$，其中 $-n_{eff}^{co}+\dfrac{\lambda}{\Lambda_B}$ 在图 2-14 中如虚线所示，可以看出基模和包层模在波长 $\lambda_B=1539.21nm$ 处发生反向耦合。令 $\delta_S=0$，基模和包层模在波长 $\lambda_S=(n_{eff}^{co}-n_{eff}^{cl})\Lambda_S$ 处发生同向耦合。本文以下部分讨论一种重要情形，即 $\lambda_S=\lambda_B=1539.21nm$，此时 $\Lambda_S=353.840\mu m$。

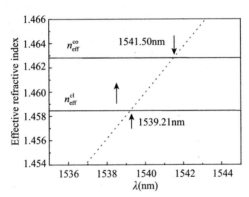

图2-14　基模有效折射率 n_{eff}^{co} 和第一包层模的有效折射率 n_{eff}^{cl} 随波长的依赖关系，虚线按公式 $n_{eff}(\lambda)=-n_{eff}^{co}+\dfrac{\lambda}{\Lambda_B}$ 画出

首先，探讨 $\kappa_S L$ 对 SFG 光谱的影响。不失一般性，选取参数 $\kappa_{co}L=2.0$，$\kappa_{cl}L=1.5$。图 2-15 给出了不同的 $\kappa_S L$ 值 0、0.50 和 1.0 下 SFG 的透射谱和反射谱。从图 2-14 中可以看到，主瓣和侧瓣分别产生在波长 1541.50nm 和 1539.21nm 处。

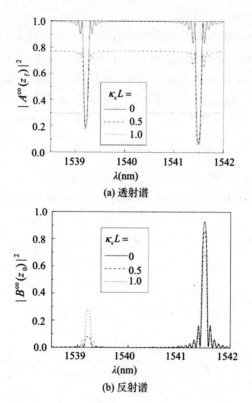

(a) 透射谱

(b) 反射谱

图 2-15　不同 $\kappa_{\mathrm{S}}L$ 值时 SFG 的透射谱和反射谱，
这里 $\kappa_{\mathrm{co}}L=2.0$，$\kappa_{\mathrm{cl}}L=1.5$

图 2-16 给出了透射谱 $|A^{\mathrm{co}}(z_{\mathrm{f}})|^2$ 的整体强度和极小值以及反射谱 $|B^{\mathrm{co}}(z_0)|^2$ 的极大值。三角符号表示 $|A^{\mathrm{co}}(z_{\mathrm{f}})|^2$ 的整体强度的模拟值，点线按公式 $1-\sin^2(\kappa_{\mathrm{S}}L)$ 绘制。这种一致性表明，SFG 透射谱 $|A^{\mathrm{co}}(z_{\mathrm{f}})|^2$ 的整体强度为长周期光纤光栅所控制。随 $\kappa_{\mathrm{S}}L$ 的增加，$|A^{\mathrm{co}}(z_{\mathrm{f}})|^2$ 的整体强度减少，$|A^{\mathrm{cl}}(z_{\mathrm{f}})|^2$ 的整体强度增大，意味着更多的透射光能量由光纤纤芯泄漏到包层。

在图 2-16(a) 中，方块符号表示 $|A^{\mathrm{co}}(z_{\mathrm{f}})|^2$ 主瓣的极小值，实线是按式 $[1-\tanh^2(\kappa_{\mathrm{co}}L)]\times[1-\sin^2(\kappa_{\mathrm{S}}L)]=0.07[1-\sin^2(\kappa_{\mathrm{S}}L)]$ 画

出的，圆点表示 $|B^{\mathrm{co}}(z_0)|^2$ 主瓣的极大值。随着 $\kappa_{\mathrm{S}}L$ 的增加，$|B^{\mathrm{co}}(z_0)|^2$ 主瓣的极大值减少，$|B^{\mathrm{cl}}(z_0)|^2$ 主瓣的极大值增加，即主波长 1541.50nm 处，更多的反射光能量由纤芯泄漏到包层。在图 2-16(b) 中，方块符号显示 $|A^{\mathrm{co}}(z_{\mathrm{f}})|^2$ 侧瓣的极小值，圆点给出了 $|B^{\mathrm{co}}(z_0)|^2$ 侧瓣的极大值。随 $\kappa_{\mathrm{S}}L$ 的增加，$|B^{\mathrm{co}}(z_0)|^2$ 侧瓣的强度增长，$|B^{\mathrm{cl}}(z_0)|^2$ 侧瓣的强度减少，意味着在侧波长 1539.21nm 处，更多的反射光能量由包层流入到纤芯。

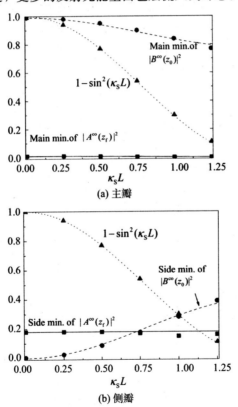

(a) 主瓣

(b) 侧瓣

图 2-16　不同 $\kappa_{\mathrm{S}}L$ 值时主瓣和侧瓣的强度

三角代表 $|A^{\mathrm{co}}(z_{\mathrm{f}})|^2$ 的整体强度，点线代表公式 $1-\sin^2(\kappa_{\mathrm{S}}L)$。

这里 $\kappa_{\mathrm{co}}L=2.0$，$\kappa_{\mathrm{cl}}L=1.5$

为了解 $\kappa_{co}L$ 对 SFG 光谱的影响，选择耦合参数 $\kappa_{cl}L=1.5$ 和 $\kappa_S L=0.5$，图 2-17 给出了不同 $\kappa_{co}L$ 值 1.0、2.0 和 3.0 下 SFG 的透射谱和反射谱。从图中可以看到，$\kappa_{co}L$ 影响主瓣的强度，而透射谱的整体强度和侧瓣的强度不变。

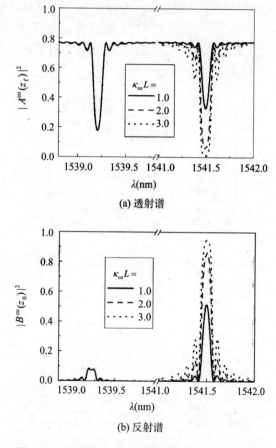

(a) 透射谱

(b) 反射谱

图 2-17 不同 $\kappa_{co}L$ 值时 SFG 的透射谱和反射谱，
这里 $\kappa_S L=0.50$，$\kappa_{cl}L=1.5$

对主瓣，图 2-18 给出了透射谱 $|A^{co}(z_f)|^2$ 的极小值和反射谱 $|B^{co}(z_0)|^2$ 的极大值。其大小为 $1-\sin^2(\kappa_S L)=0.768$。方块曲线显示了 $|A^{co}(z_f)|^2$ 的极小值，实线是按式 $[1-\sin^2(\kappa_S L)]\times[1-\tanh^2(\kappa_{co} L)]=0.768[1-\tanh^2(\kappa_{co} L)]$ 画出的。这表明耦合系数 $\kappa_{co} L$ 和 $\kappa_S L$ 共同决定 $|A^{co}(z_f)|^2$ 主瓣的极小值和反射谱 $|B^{co}(z_0)|^2$ 主瓣的极大值。

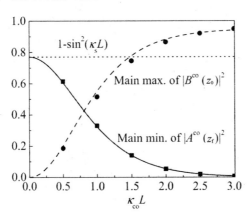

图 2-18　极值强度 $|A^{co}(z_f)|^2$ 和 $|B^{co}(z_0)|^2$

这里 $\kappa_{cl} L=1.50$，$\kappa_S L=0.5$

最后，为了解 $\kappa_{cl} L$ 对 SFG 光谱的影响，固定耦合参数 $\kappa_{co} L=3.0$ 和 $\kappa_S L=1.0$。图 2-19 给出了不同 $\kappa_{cl} L$ 值 0.5、1.0 和 1.5 下 SFG 的透射谱和反射谱。可以看出 $\kappa_{cl} L$ 影响侧瓣的强度，而透射谱的整体强度和主瓣的强度不变。

对侧瓣，图 2-20 给出了 $|A^{co}(z_f)|^2$ 的极小值（方块）和 $|B^{co}(z_0)|^2$ 的极大值（圆圈）。点线为 $|A^{co}(z_f)|^2$ 的整体强度，这里其大小为 $1-\sin^2(\kappa_S L)=0.292$。随着 $\kappa_{cl} L$ 的增长，$|A^{co}(z_f)|^2$ 的极小值减小，$|B^{co}(z_0)|^2$ 的极大值增加，它们的饱和值依赖于整体强度 $1-\sin^2(\kappa_S L)$。

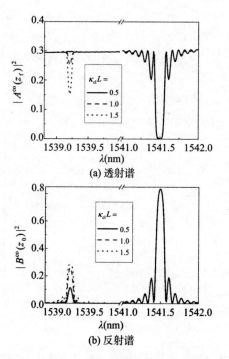

(a) 透射谱

(b) 反射谱

图 2-19　不同 $\kappa_{cl}L$ 值时 SFG 的透射谱和反射谱

这里 $\kappa_{co}L=3.0$，$\kappa_S L=1.0$

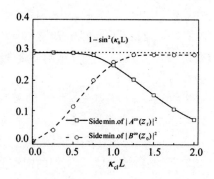

图 2-20　极值强度 $|A^{co}(z_f)|^2$ 和 $|B^{co}(z_0)|^2$

这里 $\kappa_{co}L=3.0$，$\kappa_S L=1.0$

2.5　双啁啾光纤光栅的反射谱

啁啾光纤光栅在传感领域也有重要应用，在第 5 章我们将做详细的讨论。作为理论基础，本节给出了级联啁啾光纤光栅的模拟方法和主要结果[112]。目前，对啁啾光纤光栅的定义或描述主要有两种形式，如下式所示

$$\Delta n(z, t) = \Delta n_0 \left[1 + \cos\left(\frac{2\pi}{\Lambda} z + \varphi\right)\right] \tag{2-58}$$

第一种是视 FBG 的周期恒定，而附加相位是空间坐标的多次（包括二次）函数；第二种是 FBG 的周期为空间坐标的函数，最简单的情形就是，FBG 的周期为空间坐标的线性函数。其中第二种情形可以通过泰勒展开回到第一种形式，所以在本节的讨论中，采用第一种定义。

两个级联啁啾光纤光栅分别记为 CFBG1 和 CFBG2。单模光纤上 CFBG 的折射率变化可以表示为

$$\Delta n_i(z, t) = \Delta n_0 \left[1 + \cos\left(\frac{2\pi}{\Lambda_i} z + \varphi_i(z, t)\right)\right] \tag{2-59}$$

这里 z 为轴坐标，t 是时间，Δn_0 为扰动平均值，$\varphi(z, t)$ 是附加相位。下标 $i=1,2$ 对应分别 CFBG1 和 CFBG2。CFBG1 周期 $\Lambda_1 = \Lambda$，CFBG2 的周期 $\Lambda_2 = \Lambda + \Delta\Lambda$。两个 CFBG 的附加相位可表示为：

$$\varphi_1(z) = 2\pi F_1 \frac{z^2}{L^2} \tag{2-60a}$$

$$\varphi_2(z) = 2\pi F_2 \frac{z^2}{L^2} \tag{2-60b}$$

$z \in [0, L]$，L 是光栅长度；F 是啁啾系数。以上述方程为基础，可以利用耦合方程的数值或传输矩阵法求出级联啁啾光栅的反射谱，本节采用传输矩阵法[112]计算两个级联的啁啾光栅的反射谱。

选取参数 $\Delta n_{01} = \Delta n_{02} = 8.0 \times 10^{-4}$，$L_1 = L_2 = 4\text{mm}$，$F_1 = F_2$ $= 20.0$，将 CFBG1 的初始中心波长固定为 1312.850nm 不变，CFBG2 的中心波长为 $\lambda_2 = \lambda_1 + \Delta\lambda$，其差值 $\Delta\lambda$ 是可调的。图 2-21 给出了差值 $\Delta\lambda$ 分别为 2.0nm、3.0nm、4.5nm、4.5nm、9.0nm、13.5nm 和 22.5nm 时 CFBG 光栅耦合下的两个反射光谱。可以得到，它们的半高全宽（full-width-at-half-maximum，FWHM）大约为 5nm。从图 2-21 中可以看出：当 $\Delta\lambda > 2.0\text{nm}$ 时，CFBG 的两个反射峰将完全分开；在 $\Delta\lambda < 2.0\text{nm}$ 时，CFBG 的两个反射峰之间存在重合部分。

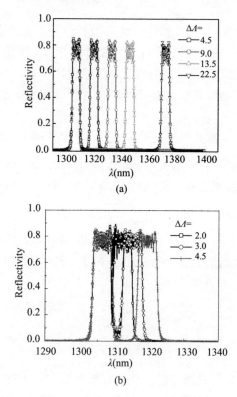

图 2-21 不同 $\Delta\lambda$ 对应的级联 CFBG 的反射光谱

为了解啁啾系数 F 的影响，我们完成了一系列的模拟。作为例子，图 2-22 给出了啁啾系数 F 分别为 0、1、20、40 和 60 级联 CFBG 的反射谱，这里 $\Delta\lambda = 9\text{nm}$，$L = 4\text{mm}$。可以看出，参数 F 明显地控制了反射光谱的峰值强度和半高宽。

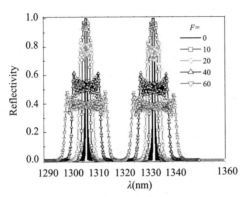

图 2-22　不同 F 值对应的级联 CFBG 的反射光谱

最后，我们还模拟光栅长度对光谱的影响。图 2-23 给出了光栅长度分别为 2mm、4mm、6mm 和 10mm 时级联 CFBG 的反射谱。可以看出，啁啾光栅长度越短，峰值强度越低，光谱越宽。

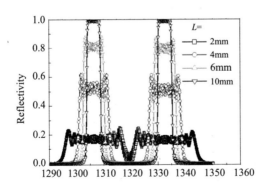

图 2-23　不同长度对应的级联 CFBG 的反射光谱

2.6 本章小结

　　本章采用数值模拟方法进行系统的计算，得到了非均匀温变、非均匀应变及动态应变对 FBG 光谱特征的影响结果。对于线性温变或应变，FBG 的反射谱是关于中心波长对称的，且 FBG 的中心波长漂移决定于光纤光栅中点的温变和应变。当光纤光栅受到二次温度或应变时，其反射谱关于中心波长是不对称的，二次温度或应变系数的正负和大小直接影响反射谱左右旁瓣的强弱。利用相似变换方法求解超结构光纤光栅的多重耦合方程计算表明，SFG 在应变梯度和温度梯度的作用下，其反射谱和包层模的透射谱按确定规则独立漂移，据此可以求出光栅所在位置的应变梯度或温度梯度。

本章研究成果发表 1 篇论文：

　　王永皎，米皓坤，梁磊. 应变和温度变化对超结构光纤光栅光谱的影响[J]. 光通信研究，2013，177(3)：49-50，63. (中文核心)

第3章　传感振子分析

在自然界和人类生产实践活动中，机械振动是一种普遍存在的现象。为了更好地认识物体的振动和预防过度振动带来的危害，人们必须了解和监测有关物体的振动状态[113]。

加速度是描述物体振动状态的重要物理量。获取振动物体加速度信号的器件叫加速度传感器，它在机械、管道、建筑等领域有着广泛的应用。光纤光栅加速度传感器具有工作频带宽、精度高、抗电磁干扰和质量轻等优点，因而近 10 年来光纤光栅加速度传感器倍受关注[114-116]。

在光纤光栅加速度传感器的设计与制作中，常采用一种最简单的振子结构，即悬臂梁结构。它具有结构简单、成本低和灵敏度较高的优点，成为光纤光栅加速度传感器常用的弹性元件[117-120]。但悬臂梁自身的结构特点又导致其谐振频率与灵敏度相互制约，所以其工作频率局限在一定的范围内。为此，国内外学者设计了多种形式的振子，如等强度悬臂梁、L 型悬臂梁、双悬臂梁等，并研究了基于相应悬臂梁的加速度传感器的灵敏度和工作频率范围。但是，对于各种悬臂梁结构的共性问题，即弹性结构的应变随加速度的变化率和共振频率及其影响因素，尚缺乏深入系统的研究。

本章将简要总结传感振子的等效力学模型、振动方程、幅频特性、相频特性等主要概念和规律。以挠度分析法为主、ANSYS模态分析法为辅，讨论矩形悬臂振子和矩形桥式振子的共振频率和弹性结构的应变随加速度的变化率。

3.1 振子的振动方程

3.1.1 等效力学模型及振动方程

对于带惯性敏感元件的加速度传感器，当被测物体与加速度传感器的惯性质量块之间存在相对加速度时，则有惯性力作用在弹性敏感元件上，使弹性敏感元件产生相应的应变，该应变的大小依赖于作用在弹性体上的惯性力。仅考虑一维测量时，加速度传感器可简化为图 3-1 所示的单自由度系统。

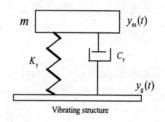

图 3-1 加速度传感器的等效力学模型

如图 3-1 所示，假设被测物体服从最简单的简谐振动

$$y_g = Y_g \sin\omega t \tag{3-1}$$

式中，Y_g 为被测对象的位移幅值，ω 为振动圆频率，还假设惯性质量块的运动与被测物体运动方向相同，位移为 y_m，则质量块相对于振动物体的位移，也就是弹簧的变形为

$$y = y_m - y_g \tag{3-2}$$

质量块相对于振动物体的相对速度，即阻尼器的速度为

$$\frac{\mathrm{d}y}{\mathrm{d}t} = \frac{\mathrm{d}y_m}{\mathrm{d}t} - \frac{\mathrm{d}y_g}{\mathrm{d}t} \tag{3-3}$$

作用在质量块 m 上的作用力有弹力 $-K_y(y_m - y_g)$、阻尼力 $-C_y(\dot{y}_m - \dot{y}_g)$。根据牛顿第二定律，可建立振动方程为：

$$m \frac{\mathrm{d}^2 y_{\mathrm{m}}}{\mathrm{d}t^2} = -K_y(y_{\mathrm{m}} - y_{\mathrm{g}}) - C_y\left(\frac{\mathrm{d}y_{\mathrm{m}}}{\mathrm{d}t} - \frac{\mathrm{d}y_{\mathrm{g}}}{\mathrm{d}t}\right) \tag{3-4}$$

或

$$m \frac{\mathrm{d}^2 y_{\mathrm{m}}}{\mathrm{d}t^2} = -K_y y - C_y \frac{\mathrm{d}y}{\mathrm{d}t} \tag{3-5}$$

考虑到质量块相对于振动物体的加速度：

$$\frac{\mathrm{d}^2 y}{\mathrm{d}t^2} = \frac{\mathrm{d}^2 y_{\mathrm{m}}}{\mathrm{d}t^2} - \frac{\mathrm{d}^2 y_{\mathrm{g}}}{\mathrm{d}t^2} \tag{3-6}$$

以及

$$\frac{\mathrm{d}^2 y_{\mathrm{g}}}{\mathrm{d}t^2} = -\omega^2 Y_{\mathrm{g}} \sin\omega t \tag{3-7}$$

可得

$$m \frac{\mathrm{d}^2 y}{\mathrm{d}t^2} + C_y \frac{\mathrm{d}y}{\mathrm{d}t} + K_y y = -m \frac{\mathrm{d}^2 y_{\mathrm{g}}}{\mathrm{d}t^2} = m\omega^2 Y_{\mathrm{g}} \sin\omega t = mA_y \sin\omega t \tag{3-8}$$

式(3-8)为二阶常系数线性微分方程，其通解由两部分组成：

$$y(t) = \mathrm{e}^{-\xi\omega_{\mathrm{n}} t}(A\cos\omega_{\mathrm{d}} t + B\sin\omega_{\mathrm{d}} t) + \frac{mA_y}{K_y}\mathrm{d}\sin(\omega t - \varphi) \tag{3-9}$$

式中：

$$固有频率\ \omega_{\mathrm{n}} = \sqrt{K_y/m} \tag{3-10}$$

$$频率比\ r = \omega/\omega_{\mathrm{n}} \tag{3-11}$$

$$阻尼比\ \xi = \frac{C_y \omega_{\mathrm{n}}}{2K_y} = \frac{C_y}{2m\omega_{\mathrm{n}}} \tag{3-12}$$

$$阻尼圆频率\ \omega_{\mathrm{d}} = \sqrt{1-\xi}\ \omega_{\mathrm{n}} \tag{3-13}$$

$$相位延迟\ \tan\varphi = \frac{2\xi r}{\sqrt{1-r^2}} \tag{3-14}$$

$$D = \frac{1}{\sqrt{(1-r^2)^2 + (2\xi r)^2}} \tag{3-15}$$

积分常数 A、B 由初始条件决定。

式(3-9)的第一项是瞬态项。若无阻尼，式(3-9)可写成：

$$y(t) = (A\cos\omega_d t + B\sin\omega_d t) + \frac{mA_y}{K_y} \cdot \frac{\sin\omega t}{1-r^2} \tag{3-16}$$

设 $t=0$ 时，$y(0)=z_0$，$\mathrm{d}y/\mathrm{d}t(0)=v_0$，利用初始条件可得

$$y(t) = z_0\cos\omega_n t + \left(\frac{v_0}{\omega_n} - \frac{m\omega A_y}{K_y\omega_n(1-r^2)}\right)\sin\omega_d t + \frac{mA_y}{K_y} \cdot \frac{\sin\omega t}{1-r^2} \tag{3-17}$$

如果 $y_0=0$，$v_0=0$，则：

$$y(t) = \frac{mA_y}{K_y(1-r^2)}\left(\sin\omega t - \frac{\omega}{\omega_n}\sin\omega_d t\right) \tag{3-18}$$

由此可以看出，在强迫振动下，即使初始位移和初始速度均为零，响应中仍然包含强度与频率有关的瞬态部分。所以在设计加速度传感器时，应适当引入阻尼。在有阻尼的情况下，瞬态项随时间衰减，衰减速度由 $\xi\omega_n = C_y/2m$ 决定，阻尼越大，瞬态项衰减越快。

式(3-9)的第二项是稳态响应：

$$y(t) = \frac{mA_y D}{K_y}\sin(\omega t - \varphi) \tag{3-19}$$

当 $\omega \ll \omega_n$，$\xi r = \omega C_y/2K_y$ 很小时，相位延迟 φ 可以忽略。此时，振子的加速度 $a_g(t) = A_y\sin(\omega t)$ 正比于振子的位移，即

$$a_g(t) = \frac{K_y}{mD}y(t) \tag{3-20}$$

在实际应用中，这个比例常数可以预先校准。此时，该加速度传感器既可以测量加速度，也可以测量位移。

3.1.2 频率响应函数

动态特性好的加速度传感器，其随时间的输入函数与输出函数之间规律相同。设系统初始状态为零，对式(3-8)两边进行拉普拉斯变换，有：

$$ms^2Y(s) + C_y sY(s) + K_y Y(s) = -ms^2 Y_g(s) \tag{3-21}$$

于是，加速度传感器的传递函数

$$H(s) = \frac{Y(s)}{Y_g(s)} = \frac{-m}{ms^2 + C_y s + K_y} \tag{3-22}$$

加速度传感器的频率响应函数是：

$$H(j\omega) = \frac{-1}{\omega_n^2} \cdot \frac{1}{1 - (\frac{\omega}{\omega_n})^2 + 2j\xi\frac{\omega}{\omega_n}} \tag{3-23}$$

加速度传感器的幅频特性为：

$$|H(j\omega)| = \frac{1}{\omega_n^2} \cdot \frac{1}{\sqrt{[1 - (\frac{\omega}{\omega_n})^2]^2 + (2\xi\frac{\omega}{\omega_n})^2}} \tag{3-24}$$

相频特性为：

$$\varphi = \tan^{-1}\frac{2\xi\frac{\omega}{\omega_n}}{1 - (\frac{\omega}{\omega_n})^2} \tag{3-25}$$

根据式(3-24)、式(3-25)，可以得到系统的幅频、相频响应曲线，如图 3-2 所示。

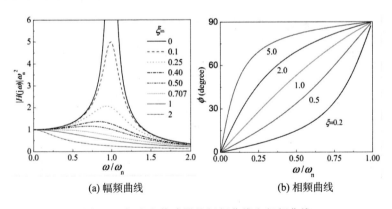

(a) 幅频曲线　　　　　(b) 相频曲线

图 3-2　加速度传感器的幅频曲线和相频曲线

从幅频曲线图看出，(1)当 $\omega \ll \omega_n$ 时，幅频曲线才近似于水平线，加速度传感器仅能适用于与之频率差较多的振动测量。为了提高传感器的实用性，需要设计时就考虑增加其工作频率范围，使其固有频率提升，那么选择的弹性体的刚度要增加，或者惯性体的质量减少。但是这样的话，传感器的灵敏度将会下降。这一对矛盾，需要根据工程实际进行综合考虑而选择。（2）在无阻尼的条件下，当 $\omega < 0.2\omega_n$ 时，传感器测量结果比较准确。也可以通过增加阻尼系数的方法，提高传感器的频率测量范围。根据计算，当 $\xi = 0.5$ 时，频率范围可以达到 $0 \sim 0.5\omega_n$。

3.2 振子的灵敏度和固有频率

加速度传感器有两个重要指标，即固有频率和灵敏度。追求较高的固有频率，这样能够提高动态测量范围，又需要较高的灵敏度系数，这样有利于测量微弱的信号。但是这两个指标又相互制约，因此在设计时要根据实际情况进行选择。但是总体来讲，希望设计的传感器不仅具有较高的固有频率，而且也有较高的灵敏度系数。

3.2.1 悬臂振子的灵敏度和固有频率

基于悬臂梁的加速度传感器的频率测量范围和灵敏度，取决于悬臂梁的结构。悬臂梁作为弹性元件，一端和质量块固定为自由端，另一端固定在基座上，即质量-弹簧无阻尼单自由度系统。其结构相对简单，便于加工，被广泛用于机械装备振动监测。

图 3-3 所示为一弹性悬臂梁及质量块。弹性悬臂梁的长记为 L_1、宽记为 s_1、厚记为 v_1，矩形质量块的长记为 L_2、宽记为 s_2、厚记为 v_2。悬臂梁的厚度远小于质量块的厚度。可以将该弹性结构简化，而不会产生大的误差。最简单的模型就是把质量块视为一个质量为 $m_2 = \rho L_2 s_2 v_2$ 的粒子，而悬臂梁的有效长度 $L = L_1 + L_2/2$。

取离梁固定端距离为 x 的任一截面，在惯性力 P 的作用下，该截面上的弯矩为

$$M(x) = P(L-x), \quad 0 \leqslant x \leqslant L \tag{3-26}$$

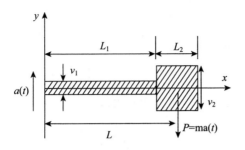

图 3-3 悬臂梁的受力图

它是横坐标 x 的函数，相应的挠度方程是：

$$\frac{\mathrm{d}^2 y}{\mathrm{d} x^2} = -\frac{M(x)}{EI_1} = -\frac{P(L-x)}{EI_1} \qquad (3\text{-}27)$$

式中，$y(x)$ 是坐标 x 处 y 方向上的挠度或形变；E 为弹性模量；I_1 是悬臂梁截面相对于 z 轴的惯性矩。考虑到边界条件：$y(0) = 0$，$y'(0) = 0$，x 处的挠度即垂直位移为：

$$y(x) = -\frac{P}{6EI_1} x^3 + \frac{P}{2EI_1} x^2 \qquad (3\text{-}28)$$

在惯性力作用下，梁在纯弯曲时横截面上的应变为：

$$\varepsilon(x) = y_{\mathrm{mid}} \frac{M(x)}{EI_1} = y_{\mathrm{mid}} \frac{P(L-x)}{EI_1} \qquad (3\text{-}29)$$

其中 y_{mid} 为测量点到中性面的距离。可以看出，在中性轴上（$y_{\mathrm{mid}} = 0$）各点应力为零，而且悬臂梁不同位置的应变也各不同，在固定端所受应变最大，所以光纤光栅传感探头 FBG 的粘贴位置常取在固定端附近。考虑到 FBG 有一定的长度，大约为 1cm，所以可取 $x_{\mathrm{FBG}} = 0.5\mathrm{cm}$。因而最大应变为：

$$\varepsilon_{\max}(x_{\mathrm{FBG}}) = y_{\min} \frac{P(L - x_{\mathrm{FBG}})}{EI_1} \qquad (3\text{-}30)$$

在振动条件下，质量块受到的惯性力与加速度成正比：

$$P(t) = m_2 a(t) \qquad (3\text{-}31)$$

所以最大应变

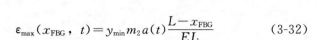
机械振动的双光栅传感理论与实验研究

$$\varepsilon_{max}(x_{FBG},\ t) = y_{min} m_2 a(t) \frac{L - x_{FBG}}{EI_1} \qquad (3\text{-}32)$$

该应变随加速度幅值的变化率为：

$$\frac{\partial\, \varepsilon_{max}(x_{FBG})}{\partial\, A} = m_2 y_{min} \frac{(L - x_{FBG})}{EI_1} \qquad (3\text{-}33)$$

悬臂梁的最大形变发生在其末端：

$$y(L) = \frac{L^3}{3IE_1} m_2 a \qquad (3\text{-}34)$$

可得出等截面梁的等效刚度系数为：

$$K = \frac{m_2 a}{y(L)} = \frac{3EI_1}{L^3} \qquad (3\text{-}35)$$

最小共振频率为

$$f_1 = \frac{1}{2\pi}\sqrt{\frac{3EI_1}{m_2 L^3}} \qquad (3\text{-}36\text{a})$$

$$= \frac{1}{2\pi}\sqrt{\frac{E}{\rho}} \cdot \frac{v_1}{L_1^2}\sqrt{\frac{(m_2/m_1)^{-1}}{(1 + 0.5L_2/L_1)^3}} \qquad (3\text{-}36\text{b})$$

其中 $L = L_1 + L_2/2$，对于矩形悬臂梁，如图 3-4(a)所示，惯性矩为：

$$I_{1j} = \frac{1}{12} s_1 v_1^3 \qquad (3\text{-}37)$$

对于凸形悬臂梁，如图 3-4(b)所示，惯性矩为：

$$I_{1t} = \frac{s_1 - s_{11}}{3}(v_1 - v_{11} - c)^3 + \frac{1}{3} s_1 c^3 + \frac{1}{3} s_{11}(v_1 - c)^3 \qquad (3\text{-}38)$$

这里中性面与梁底面间距

$$c = \frac{s_1(v_1 - v_{11})^2 + 2s_{11}v_{11}(v_1 - v_{11}) + s_{11}v_{11}^2}{2[s_1(v_1 - v_{11}) + s_{11}v_{11}]} \qquad (3\text{-}39)$$

对于等强度悬臂梁，如图 3-5 所示，矩形截面宽度随 x 的变化关系为：

$$s(x) = s_1(1 - x/L) \qquad (3\text{-}40)$$

s_1 为最大宽度。在外力 P 用下，挠曲线方程为：

$$\frac{\mathrm{d}^2 y}{\mathrm{d}x^2} = \frac{P(L - x)}{EI_1(x)} = \frac{P(L - x)}{Es(x)v_1^3/12} = \frac{12PL}{Es_1 v_1^3} \qquad (3\text{-}41)$$

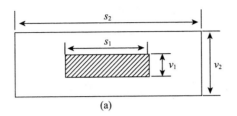

(a)

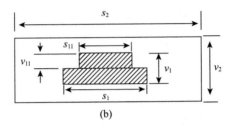

(b)

图 3-4 矩形及凸形悬臂梁的横截面图

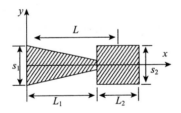

图 3-5 等强度悬臂梁

考虑到边界条件：$y(0)=0$，$y'(0)=0$，x 处的挠度是

$$y(x)=\frac{6PL}{Es_1v_1^3}x^2 \tag{3-42}$$

相应的应变为

$$\varepsilon(x)=y_{\text{mid}} \cdot y''(x)=y_{\text{mid}}\frac{PL}{EI_1} \tag{3-43}$$

这里

$$I_1=\frac{1}{12}s_1v_1^3 \tag{3-44}$$

为 O 点处横截面的惯性矩。等强度梁上、下表面上任意点的应变应力都相同，应变随加速度幅值的变化率为：

$$\frac{\partial \varepsilon}{\partial A} = m_2 y_{\text{mid}} \frac{L}{EI_1} \tag{3-45}$$

此外，等强度梁在自由端的最大挠度为

$$y(L) = \frac{L^3}{2EI_1} P \tag{3-46}$$

由此可得出，等强度梁的等效刚度系数和最低固有频率分别为：

$$K_y = \frac{P}{y(L)} = \frac{2EI_1}{L^3} \tag{3-47}$$

$$f_1 = \frac{1}{2\pi}\sqrt{\frac{K_y}{m_2}} = \frac{1}{2\pi}\sqrt{\frac{2EI_1}{m_2 L^3}} \tag{3-48}$$

等截面梁如矩形悬臂梁和凸形悬臂梁，其应变随加速度幅值的变化率以及最低固有频率，都可以用式(3-33)和式(3-36)表示。从式(3-37)和式(3-38)可以看出，凸形悬臂梁的 EI_1 值小于具有相同 s_1 和 v_1 的矩形悬臂梁的 EI_1 值，导致凸形悬臂梁的应变随加速度幅值的变化率较大，而最低固有频率较小。但这种变化也可以通过调整矩形悬臂梁的几何尺寸获得。因此，与基于矩形悬臂梁的加速度传感器相比，伴随着较大的加工难度，基于凸形悬臂梁的加速度传感结构无明显的优点。从式(3-45)还可以看出，等强度梁表面上的应变随加速度幅值的变化率为一常量。在 EI_1 等参量相同的条件下，等强度梁表面上的应变随加速度幅值的变化率，大于矩形悬臂梁上应变随加速度幅值的变化率。而且，在等强度梁上粘贴 FBG 不会引起啁啾现象。因此，从提高灵敏度的角度来看，基于等强度梁的加速度传感器更具优势。而从式(3-48)可以看出，等强度梁的最低固有频率是矩形悬臂梁的 $\sqrt{2/3}$ 倍。

选择 45 号钢制作矩形等强度梁，它的材料参数为 $\rho = 7850$ kg/m³，$E = 210$GPa，几何参数 $v_1 = 1.0$mm 和 $s_1 = 5$mm 不妨固定。首先计算了长度比 L_2/L_1 对最低固有频率的影响，图 3-6 给出了惯性块质量比 m_2/m_1 分别为 5 倍和 50 倍两种情形下的最低固有频率曲线。可以看出，当质量比较小时（$m_2/m_1=5$），最低固有频率可以达到几千乃至上万赫兹，当质量比较大时（$m_2/m_1=50$），最低固有频率可以低至 1 千赫兹以下。

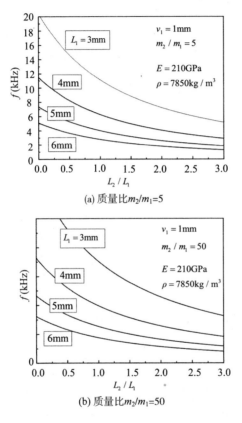

(a) 质量比m_2/m_1=5

(b) 质量比m_2/m_1=50

图 3-6　最低固有频率随长度比 L_2/L_1 的变化曲线

　　为说明惯性块质量比 m_2/m_1 对最低固有频率的影响，图 3-7 给出了长度比 $L_2/L_1=1$ 的情形下 L_1 分别为 3mm、4mm、5mm 和 6mm 时的最低固有频率曲线。可以看出，通过调整质量比，也可以达到调整最低固有频率的目的。

　　按照矩形梁的式（3-36）和等强度梁的式（3-48），在材料相同、

s_1、v_1、L 和质量比都相同的情况下，等强度梁的最低固有频率是矩形悬臂梁的 $\sqrt{2/3} \approx 0.81$ 倍。参照图 3-6 和图 3-7，可以看出等强度梁的最低固有频率略小，但也可达到几千乃至上万赫兹。从式(3-33)和式(3-45)可以看出，在不影响结构最低固有频率的前提下，在原有弹性梁的基础上设计并添加适当的结构，从而增加监测点到中性面的距离 y_{mid}，也是提高结构灵敏度的有效方法。

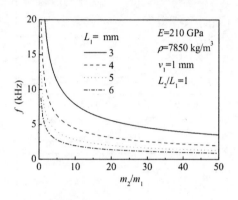

图 3-7　最低固有频率随质量比的变化曲线

3.2.2　桥式振子的灵敏度和固有频率

图 3-8 所示为桥式振子的两个对称弹性梁及质量块。弹性悬臂梁的长记为 L_1、宽记为 s_1、厚记为 v_1，矩形质量块的长记为 L_2、宽记为 s_2、厚记为 v_2。悬臂梁的厚度远小于质量块的厚度。然后，把悬臂梁和质量块都视为弹性体，基于二者的挠度方程计算了悬臂梁－质量块系统的最小共振频率。如图 3-8(d)所示，由于桥式振子关于中心对称，取离梁固定端距离为 x 的任一截面，在惯性力 P 的作用下，相应的挠度方程是

$$I_1 E_1 z''(x) = -M_1(x), \quad 0 \leqslant x \leqslant L_1 \tag{3-49a}$$

$$I_2 E_2 z''(x) = -M_2(x), \quad L_1 \leqslant x \leqslant L \tag{3-49b}$$

这里 $L = L_1 + L_2/2$，E_1 和 E_2 为弹性模量，I_1 和 I_2 是悬臂梁截面

相对于 z 轴的惯性矩，截面上的弯矩为

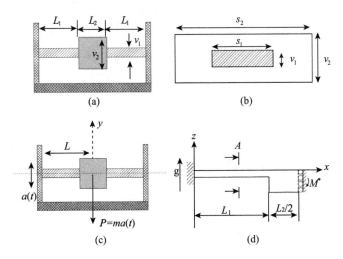

图 3-8 桥式振子的结构示意图

$$M_1(x) = \frac{M_0 - Q_0 x + \rho A_1 g x^2}{2}, \quad 0 \leqslant x \leqslant L_1 \qquad (3\text{-}50a)$$

$$M_2(x) = \frac{M_1(L_1) - Q_0 x + \rho g(A_1 + A_2) x^2}{2}, \quad L_1 \leqslant x \leqslant L \qquad (3\text{-}50b)$$

这里 $A_1 = s_1 v_1$，$A_2 = s_2 v_2$。反作用力矩和剪切力分别为

$$M_0 = M^* + \frac{\rho g \left[L L_2 A_2 + L_1^2 A_1 \right]}{2} \qquad (3\text{-}51)$$

$$Q_0 = \rho g \left(\frac{A_1 L_1 + A_2 L_2}{2} \right) \qquad (3\text{-}52)$$

由边界条件 $z'(L_1 + L_2/2) = 0$，可得到惯性矩：

$$M^* = \frac{\rho g \left[2I_2 (4A_1 L_1^3 + 6A_2 L_1^2 L_2 + 3A_2 L_1 L_2^2) - I_1 A_2 L_2^3 \right]}{24(2I_2 L_1 - I_1 L_2)} \qquad (3\text{-}53)$$

考虑到边界条件：

机械振动的双光栅传感理论与实验研究

$$\begin{cases} z(0)=0,\ z'(0)=0 \\ z(L_1-0)=z(L_1+0) \\ z'(L_1-0)=z'(L_1+0) \end{cases} \tag{3-54}$$

利用式(3-49)和式(3-50)，求解式(3-69)和式(3-70)，可得挠度及其导数：

$$z'(x)=-\frac{1}{2I_1E_1}\left\{M_0x-\frac{1}{2}Q_0x^2+\frac{1}{3}\rho A_1gx^3\right\},\ 0\leqslant x\leqslant L_1 \tag{3-55}$$

$$z(x)=-\frac{1}{2I_1E_1}\left\{\frac{1}{2}M_0x^2-\frac{1}{6}Q_0x^3+\frac{1}{12}\rho A_1gx^4\right\},\ 0\leqslant x\leqslant L_1 \tag{3-56}$$

$$z'(x)=-\frac{1}{2I_2E_2}\left\{B_1+M_1(L_1)x-\frac{1}{2}Q_0x^2+\frac{1}{3}\rho g(A_1+A_2)x^3\right\}$$
$$L_1\leqslant x\leqslant L \tag{3-57}$$

$$z(x)=-\frac{1}{2I_2E_2}\left\{B_0+B_1x+\frac{1}{2}M_1(L_1)x^2-\frac{1}{6}Q_0x^3+\frac{1}{12}\rho g(A_1+A_2)x^4\right\}$$
$$L_1\leqslant x\leqslant L \tag{3-58}$$

利用式(3-55)和式(3-56)，可得

$$z(L_1)=-\frac{1}{2I_1E_1}\left\{\frac{1}{2}M_0L_1^2-\frac{1}{6}Q_0L_1^3+\frac{1}{12}\rho A_1gL_1^4\right\} \tag{3-59}$$

$$z'(L_1)=-\frac{1}{2I_1E_1}\left\{M_0L_1-\frac{1}{2}Q_0L_1^2+\frac{1}{3}\rho A_1gL_1^3\right\} \tag{3-60}$$

代入式(3-57)和式(3-58)，可求出其中的积分常数 B_0 和 B_1。

在惯性力作用下，梁在纯弯曲时横截面上的应变为：

$$\varepsilon(x)=y_{mid}\frac{M_1(x)}{EI_1} \tag{3-61}$$

其中 y_{mid} 为测量点到中性面的距离。从式(3-49)可以看出，桥式梁不同位置的应变也各不同，在固定端所受应变最大，所以光纤光栅传感探头 FBG 的粘贴位置常取在固定端附近。考虑到 FBG 有一定的长度，大约为 1cm，所以可取 $x_{FBG}=0.5cm$。因而最大应变为：

$$\varepsilon_{\max}(x_{\mathrm{FBG}}) = y_{\min} \frac{M_1(x_{\mathrm{FBG}})}{EI_1} \tag{3-62}$$

该应变随加速度幅值的变化率为：

$$\frac{\partial \varepsilon(x_{\mathrm{FBG}})}{\partial a} = \frac{y_{\min}}{EI_1} \cdot \frac{\partial M_1(x_{\mathrm{FBG}})}{\partial a} \tag{3-63}$$

这里

$$M_1(x) = \frac{M_0 - Q_0 x + \rho A_1 g x^2}{2}, \ 0 \leqslant x \leqslant L_1 \tag{3-64a}$$

$$M_0 = M^* + \frac{\rho g \left[(L_1 + L_2/2) L_2 A_2 + L_1^2 A_1 \right]}{2} \tag{3-64b}$$

$$M^* = \frac{\rho g \left[2 I_2 (4 A_1 L_1^3 + 6 A_2 L_1^2 L_2 + 3 A_2 L_1 L_2^2) - I_1 A_2 L_2^3 \right]}{24 (2 I_2 L_1 - I_1 L_2)}$$

$$\tag{3-64c}$$

于是

$$\frac{\partial \varepsilon(x_{\mathrm{FBG}})}{\partial a} = K_{\mathrm{p}} \frac{\rho L_1^2}{\nu_1} \cdot \frac{\left[6L + L^2 s\nu(6+L) - 8s\nu^3 - 6Ls^2\nu^4 \right]}{2(L - 2s\nu^3)} \tag{3-65}$$

使用 Rayleigh 方法，振子最小共振频率为

$$f_{\mathrm{bri}} = \frac{1}{2\pi} \sqrt{\frac{U_{\max}}{T_{0\max}}} \tag{3-66}$$

这里

$$U_{\max} = \frac{1}{2} \left(\int_0^{L_1} I_1 E(z'')^2 \, \mathrm{d}x + \int_{L_1}^{L_1+L_2/2} I_2 E(z'')^2 \, \mathrm{d}x \right) \tag{3-67}$$

$$T_{0\max} = \frac{1}{2} \left(\int_0^{L_1} \rho A_1 z^2(x) \, \mathrm{d}x + \int_{L_1}^{L_1+L_2/2} \rho A_2 z^2(x) \, \mathrm{d}x \right) \tag{3-68}$$

由此可以看出，采用这种方法虽然可以得到最小共振频率和灵敏度的解析表达式，但它们是十分复杂的。因此，可以尝试采用简化模型，即把质量块视为一个质量为 $m_2 = \rho L_2 s_2 v_2$ 的粒子，而桥式梁的有效长度 $L = L_1 + L_2/2$。按该模型，桥式振子的最大形变为

$$z_{\mathrm{m}} = \frac{m_2 g L_1^3}{12 I_1 E} \tag{3-69}$$

最小共振频率为

$$f_{\text{bri}} = \frac{1}{2\pi}\sqrt{\frac{24I_1E}{m_2L^3}} \approx \sqrt{12}f_{\text{equ}} \tag{3-70}$$

从式(3-70)可以看到,桥式梁的最低固有频率大约是等强度梁的 $\sqrt{12}\approx3.46$ 倍。可以看到,桥式梁的动态测量范围比悬臂梁及等强度梁的大。通过调整质量比,也可以达到调整最低固有频率的目的。通过质量块长度的增加,其灵敏度也逐渐增加,但是从公式可以看到其最低固有频率在减少,因此需要在固有频率和灵敏度之间找到一种平衡,以满足实际应用需求。当 $L_2/L_1 = 3.5$ 时,其最低固有频率变化率达到饱和[121]。

3.3 振子的 ANSYS 分析

在设计传感器振子的组成材料和结构时,需要计算其固有频率。如果固有频率接近待测机构的振动频率,就容易产生共振,使传感器振子的振幅达到最大,破坏传感结构。只有传感器振子的固有频率远大于工作频率时,才能够提高监测系统的准确性和稳定性。所以,了解传感器振子的低阶频率是十分必要的。除上节基于挠度方程的方法外,常见的还有基于 ANSYS 软件的模态分析方法。由于该方法应用极为广泛,也有很多书籍介绍,故本文在此不做赘述。以下只是给出两种振子的结果,可以对结果进行补充,而且有助于对振子有更清楚的认识和理解。本文采用的 ANSYS 版本为 Workbench 12.0,将建立好的传感器三维参数导入到 ANSYS 中,定义弹性模量、材料密度、泊松比等。

3.3.1 悬臂振子

实用中的一种振子结构,为如图 3-9 所示的悬臂振子。振子材料为 45 号钢,它的参数为 $\rho=7850\text{kg/m}^3$,$E=210\text{GPa}$,泊松比 0.3。采用 solid 45 单元(8 节点),划分网格时设置大小为

0.000 25m。传感器弹性体的各阶振动频率如表 3-1 所示，传感器结构的 1～4 阶模态如图 3-10 所示，可以看出，其最低固有频率约为 1381Hz(振子上下振动)。

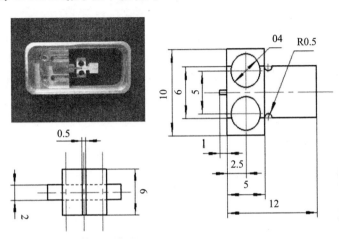

图 3-9　悬臂振子实物图及尺寸(单位：mm)

表 3-1　模态阶数及频率

模态阶数	固有频率(Hz)
1	1381.2
2	6128
3	11 280
4	20 348

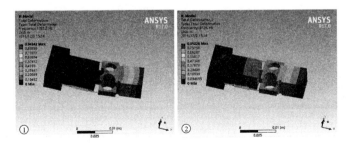

1 阶振型　2 阶振型

图 3-10　悬臂振子的模态

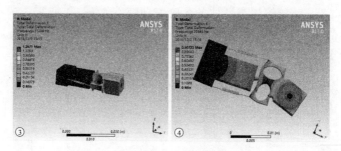

3 阶振型　4 阶振型

图 3-10(续)

　　图 3-11 为悬臂传感器中质量块与光纤连接点的位移与频谱的关系的谐响应分析。从有限元结果可以看出，一阶模态频率约为 1 400 Hz。

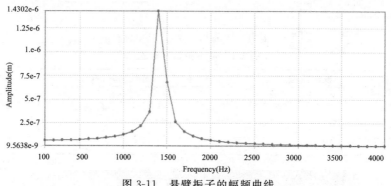

图 3-11　悬臂振子的幅频曲线

3.3.2　桥式振子

　　一桥式振子两边的矩形梁由 45 号钢制作，它的材料参数为 $\rho = 7850\,\text{kg/m}^3$，$E = 210\,\text{GPa}$，泊松比 0.3，采用 solid 45 单元(8 节点)，划分网格时设置大小 0.000 25m，如图 3-12 所示。弹性体的各阶频率如表 3-2 所示，传感器结构的 1～4 阶模态如图 3-13 所示，可以看出，其最低固有频率约为 15 kHz(振子上下振动)。

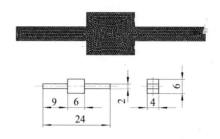

图 3-12　桥式振子的模型图及尺寸(单位：mm)

表 3-2　模态阶数及频率

模态阶数	固有频率(Hz)
1	15 074
2	23 488
3	25 094
4	38 809

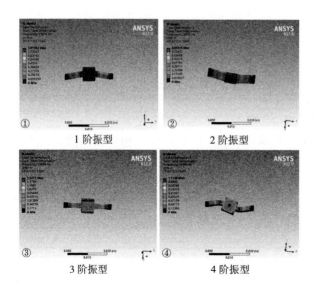

图 3-13　桥式振子的模态

图 3-14 为桥式传感器中质量块与光纤连接点的位移与频谱的关系的谐响应分析。从有限元结果可以看出，一阶模态频率约为 15kHz。

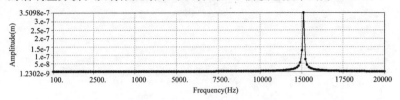

图 3-14　桥式振子的幅频曲线

通过 ANSYS 的分析，对传感器结构特性进行了了解，并给出了悬臂及桥式传感器的 1~4 阶的振型，研究了传感器的幅频特性。结果表明，悬臂传感器的固有频率约为 1380Hz，若采用相同的材料参数，桥式振子的固有频率要高于悬臂振子，这与采用方程推导的结论是一致的。

3.4　本章小结

本章简要介绍了振子的等效力学模型、振动方程、幅频特性、相频特性等主要概念和规律。以挠度分析法为主，ANSYS 模态分析法为辅，讨论了矩形悬臂振子和矩形桥式振子的共振频率和弹性结构的应变随加速度的变化率。

在光纤光栅加速度传感器的研制中，振子的设计与制作至关重要，主要出于三方面考虑，即共振频率、应变随加速度幅值的变化率，以及光栅的粘贴。振子要稳定工作，其本征频率必须是待测机械频率的 5 倍以上；要实现高灵敏度，振子应变随加速度幅值的变化率要大；要有适当位置，方便粘贴、固定光纤光栅。

本章研究成果发表 1 篇论文：

米皓坤，王永皎，许天舒，等．大型浮吊光纤光栅称重传感器弹性体研究[J]．武汉理工大学学报，2011，33(10)：118-121．（中文核心）

第4章 线振动的双光栅传感方法

将双光栅按一定方式固定在传感振子上，可实现对物体线振动的在线监测，且相对单光栅监测具有如下三个优点：一是监测灵敏度加倍，二是通过双光纤光栅特征波长的差分可以剔除温度影响，三是通过波长匹配实现基于光强测量的振动监测。双光纤光栅的应用研究很早前就已出现[122-123]，但大体可以分为两类，一类是做成推挽式的传感器，可以提高传感器的灵敏度[124-125]；二类是用于通过滤波解调方法实现光纤光栅强度测量[126-129]。本章将提出并设计一种新型的基于光强测量的双光栅加速度传感器[130]。首先，模拟双光纤光栅的反射谱，探讨反射光谱强度与初始中心波长差的函数关系，得到主瓣面积对初始中心波长差的依赖关系。然后，确定双光纤光栅初始中心波长差与振动振幅的最优化选择。最后，完成一系列的振动试验，测得的实验数据与理论结果一致。

4.1 线振动的双光栅传感

图 4-1 为基于双光栅光强测量的加速度传感系统的组成示意图。悬臂梁结构的振动元件结构简单，容易制作，同时具有良好的弯曲特性，根据传感器应用的工程背景，结合材料的弹性模量，通过设计合理的悬臂梁长度和厚度，可制作出适用的振动传感器结构。匹配光栅振动传感器的结构是，将悬臂梁一端固定在基座上，另一端放有质量块，由两个波长相近的 FBG 组成一对匹配光栅，将匹配光栅上下粘贴在悬臂梁的上下两面，结构如图 4-2 所示。系统由一个 3dB 耦合器、一个发光二极管（中心波长为

1300nm、频谱宽度为 60nm)、两个 FBG(1$^{\#}$FBG 和 2$^{\#}$FBG)、一个光敏管、一个放大电路和一个示波器组成。通过耦合器，发光二极管发出的光到达两个 FBG，从两个光栅反射回来的光被导向光敏管，并转化成电信号，电信号放大到示波器。

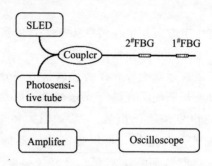

图 4-1　光纤光栅振动传感系统的示意图

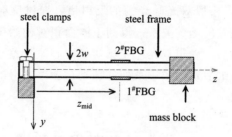

图 4-2　振动传感系统的结构图

　　振动传感器的振动元件的主要设计要求是，其共振频率要高于传感系统测量的频率上限。如图 4-2 所示，通过增加悬臂梁 y 轴方向的尺寸，可以提高悬臂量的共振频率，这对于提高检测频率的带宽无疑是非常有利的，但悬臂梁 y 轴尺寸变大，会导致悬臂梁对振动的响应度降低，使振动信号的幅值过弱，甚至使信号淹没在噪声中。所以，有必要通过采用提高振动敏感元件的信号灵敏度，使振动传感器在信号频率和信号幅值两个方面都得到提高。

在受到 y 轴方向振动时，质量块在受迫振动下，造成悬臂上下振动，匹配光栅的波长也因此发生变化，由于匹配光栅粘贴在梁的上下两面，悬臂梁的上下振动对匹配光栅产生"推挽"作用，悬臂梁微弱的曲张形变，造成悬臂梁张拉一面粘贴的光栅波长变长，而悬臂梁微弱的曲缩形变，又会造成悬臂梁曲缩一面粘贴的光栅波长变小。匹配光栅在振动条件下的这种一个波长是拉伸变化、另外一个波长是压缩变化，会造成匹配光栅反射谱主瓣面积发生变化，从而完成"波长信号"到"强度信号"的转换。光敏管所受到的光功率强度以振动相同的频率发生周期性变化，周期性变化光电信号经过放大和处理，检测出振动的相应物理参量。

图 4-2 给出了振动传感器的结构示意图，不锈钢悬臂梁固定在钢支架上，钢支架固定在被测物上。一个质量块固定在悬臂梁上用来放大振动信号。两个 FBG 沿 z 轴方向分别粘贴在厚度为 $2w$ 的悬臂梁的上、下表面，光栅位置坐标记为 z_{mid}。

4.2　双光栅反射谱的理论计算

4.2.1　双光栅反射谱的波长差

在动态线性应变下，FBG 的反射谱是关于中心波长对称的，波长偏移对动态应变的依赖关系可写为：

$$\Delta\lambda_{\text{B1}}(z_{\text{mid}}, t) = \lambda_{\text{B1}}(1 - p_e)\varepsilon_1(z_{\text{mid}}, t) \tag{4-1}$$

$$\Delta\lambda_{\text{B2}}(z_{\text{mid}}, t) = \lambda_{\text{B2}}(1 - p_e)\varepsilon_2(z_{\text{mid}}, t) \tag{4-2}$$

这里 $\varepsilon_1(z_{\text{mid}}, t)$ 和 $\varepsilon_2(z_{\text{mid}}, t)$ 分别是两个 FBG 中心点的动态应变，中心波长的差异引起两个 FBG 的线性动态应变为

$$\Delta\lambda_{\text{B}}(z_{\text{mid}}, t) = (\lambda_{\text{B2}} - \lambda_{\text{B1}}) + \lambda_{\text{B2}}(1 - p_e)\varepsilon_2(z_{\text{mid}}, t)$$
$$- \lambda_{\text{B1}}(1 - p_e)\varepsilon_1(z_{\text{mid}}, t) \tag{4-3}$$
$$\approx (\lambda_{\text{B2}} - \lambda_{\text{B1}}) + \lambda_{\text{B1}}(1 - p_e)[\varepsilon_2(z_{\text{mid}}, t) - \varepsilon_1(z_{\text{mid}}, t)] \tag{4-4}$$

当存在外部振动或冲击时，悬臂架将振动，施加在两个 FBG 上的动态应变通常可以表示为

$$\varepsilon_1(z_{mid}, t) = \frac{y_{FBG1}}{EI} M(z_{mid}, t) = -\frac{w}{2} y''(z_{mid}, t) \quad (4\text{-}5)$$

$$\varepsilon_2(z_{mid}, t) = \frac{y_{FBG2}}{EI} M(z_{mid}, t) = \frac{w}{2} y''(z_{mid}, t) \quad (4\text{-}6)$$

这里，$M(z_{mid}, t)$ 是悬臂梁的弯矩，EI 是抗弯刚度，y_{FBG} 是 FBG 相对于中间平面的坐标，等于 $-w/2$（或 $w/2$），$y''(z_{mid}, t)$ 是垂直位移 $y(z, t)$ 的二阶导数。故两个 FBG 中心波长差随动态应变的关系为：

$$\Delta\lambda_B(z_{mid}, t) = (\lambda_{B2} - \lambda_{B1}) + \lambda_{B1}(1 - p_e) w y''(z_{mid}, t) \quad (4\text{-}7)$$

把传感器固定在标准振动发生器上，它以确定且可调的频率 f 做简谐振动，带动悬臂梁以相同频率振动，所以二阶导数 $y''(z_{mid}, t)$ 可以写成：

$$y''(z_{mid}, t) = A_{mid} \sin(2\pi f t) \quad (4\text{-}8)$$

参量 A_{mid} 不仅与悬臂梁和质量块的结构参数相关，而且依赖于振动加速度的幅值。很多实验结果表明，参量 A_{mid} 与加速度的振幅是成比例的：

$$A_{mid} = K_S(f) a_{max} \quad (4\text{-}9)$$

这里，K_S 是一个与悬臂梁和聚合块的结构参数有关的系数，所以能够得到：

$$\Delta\lambda_B(z_{mid}, t) = (\lambda_{B2} - \lambda_{B1}) - \lambda_{B1}(1 - p_e) w K_S a_{max} \sin(2\pi f t)$$
$$(4\text{-}10)$$

4.2.2 双光栅的反射光强

下面对两个光栅在静态下的耦合情况进行分析。将 FBG1 的初始中心波长固定为 1550.0nm 不变，FBG2 的中心波长令为 $\lambda_2 = \lambda_1 + \Delta\lambda$，其差值 $\Delta\lambda$ 是可调的。此外，光源 SLED 的谱宽 $\Delta\lambda_{SLED}$ 约为60nm，可以得到其相干长度 $\delta_{max} = \lambda^2 / \Delta\lambda_{SLED}$ 对中心波长1550nm 和 1300nm 分别为 $40\mu m$ 和 $28\mu m$。因为相干长度远小于两个 FBG 的间距（约 50mm），所以双重 FBG 的反射光谱来自于非相干光的叠加。基于这种考虑，

在模拟计算时可以选择两个 FBG 之间的相移为 0。

图 4-3 给出了差值 $\Delta\lambda$ 分别为 0、0.1nm、0.2nm、0.3nm、0.4nm、0.5nm、0.6nm 和 1.0nm 时的两个 FBG 光栅耦合下的反射光谱。从图中可以看出，当 $\Delta\lambda > 0.5$nm 时光栅的两个反射峰将完全分开；在 $\Delta\lambda \leq 0.5$nm 时，两个反射峰之间存在重合部分。

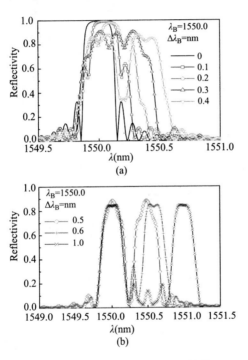

图 4-3 未受应变双 FBG 的反射谱

这里 $\lambda_{B1} = 1550.0$nm

两个光纤光栅反射谱主瓣下的面积可以反映反射光的强度，可以合理假定光强度与主瓣下面积成线性关系。根据光谱图，用软件计算可得到反射光谱主瓣的面积，图 4-4 给出了两个光纤光栅的中心波长的差值与主瓣面积的依赖关系。当 $\Delta\lambda = 0$ 时反射谱的主瓣面积 S 最小，然后随着 $\Delta\lambda$ 值的增加而增加；当 $\Delta\lambda > \Delta\lambda_{Bc}$

$=0.32$nm 时，主瓣面积趋于饱和。进一步，当两个光栅中心波长的差值变化范围在 $[0, \Delta\lambda_{Bc}]$ 区域内，主瓣面积 S 与两个波长差值 $\Delta\lambda$ 的变化率达到最大：

$$\left[\frac{\delta S}{\delta(\Delta\lambda_B)}\right]_{max} \approx 0.85 \qquad (4\text{-}11)$$

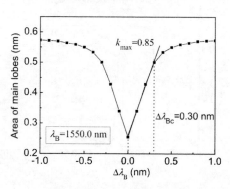

图 4-4　主瓣面积随初始中心波长差异的依赖关系

考虑到图 4-4 显示的计算结果，建议两个 FBG 中心波长的初始差别为：

$$\lambda_{B2} - \lambda_{B1} = \frac{1}{2}\lambda_{Bc} \qquad (4\text{-}12)$$

而中心波长差的振动幅度必须为：

$$\lambda_{B1}(1-p_e)wA_{mid} \leqslant \frac{1}{2}\lambda_{Bc} \qquad (4\text{-}13)$$

进而，在设定的中心波长区域，主瓣面积为：

$$\begin{aligned}
S(t) &= S_0 + k_{max}\Delta\lambda_B(z_{mid}, t) \\
&= S_0 + k_{max}(\lambda_{B2}-\lambda_{B1}) - k_{max}\lambda_{B1}(1-p_e)wK_S a_{max}\sin(2\pi ft)
\end{aligned}$$
$$(4\text{-}14)$$

对本文给定的 FBG，$S_0 = 0.255$nm，$k_{max} = 0.85$，来自两个光栅的反射光被转换成电信号，示波器的电压信号可表示为：

$$\begin{aligned}
V(t) &= \eta S(t) \\
&= V_0 - \eta k_{max}\lambda_{B1}(1-p_e)wK_S a_{max}\sin(2\pi ft)
\end{aligned} \qquad (4\text{-}15)$$

这里 η 是转换放大系数，而

$$V_0 = \eta \left[S_0 + k_{\max} (\lambda_{B2} - \lambda_{B1}) \right] \tag{4-16}$$

是交变电压的直流部分，交变电压的幅值

$$V_m = \eta k_{\max} \lambda_{B1} (1 - p_e) w K_S(f) a_{\max} \tag{4-17}$$

与加速度幅值 $a_{\max}$ 成正比。变化率 $\delta V_m / \delta a_{\max}$ 决定于光敏管和放大器的放大系数、FBG 的特征参数 $(\lambda_{B1}, p_e, k_{\max})$ 和悬臂架的结构参数 (w, K_S)。

4.3　线振动的实验结果与讨论

在前一部分，从理论上通过计算与分析，得到了为实现光栅的光强监测，两个光栅的中心波长差要满足一定的匹配条件；而且基于一些简单假设后，给出了光电转换和电信号放大后的电压信号的表达式。为了从实验上了解两个光栅在不同波长差时检测信号的质量与变化，以及振动监测的实验数据与理论分析是否一致，搭建了一个振动监测系统，图 4-5 为整个振动监测系统的实验设备图。基于光强测量的振动监测系统，由加速度和频率可调的振动台、光谱仪、信号处理单元、数字示波器、高速数据采集卡和计算机组成。通过实验，可以观察到振动信号振幅的强弱与匹配光栅波长差的相关性。

(a) 实验设备　　　　　　　　　(b) 振动台

图 4-5　振动监测系统的实验设备与振动台

4.3.1 光栅波长差的影响

为验证关于双光栅初始波长差最佳工作区间的设计，说明双FBG 光栅初始中心波长差对电压信号的影响，我们在振动加速度固定的情况下完成了一系列实验。振动台加速度的振幅调整为 1 个 $g(9.8\text{m/s}^2)$，振动台的频率调节为 100Hz。粘贴的双光栅 FBG1 和 FBG2 的初始波长分别为 $\lambda_{B1} = 1294.890\text{nm}$ 和 $\lambda_{B2} = 1295.050\text{nm}$。图 4-6给出了示波器的电压信号。

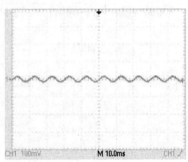

图 4-6 示波器的振动信号（$a_{\max}=\text{g}$，$\Delta\lambda_B=0.16\text{nm}$）

作为比较，选取两种双光栅，它们的参数分别为，（a）：$\lambda_{B1}=\lambda_{B2}=1294.890\text{nm}$，（b）：$\lambda_{B1}=1294.420\text{nm}$，$\lambda_{B2}=1294.736\text{nm}$，并把它们粘贴在振子上，然后固定在振动台上。图 4-7(a)和(b)分别给出了这两种情况下示波器的电压信号。从图 4-7(a)中，可以看到，振动信号几乎湮没在噪声中。如前面理论分析中所述，在匹配光栅处于静态，而 $\Delta\lambda_B=0\text{nm}$ 时，反射光强度与波长差的关系曲线在此处出现镜像，在波长差出现等幅的正负变化时，匹配光栅反射光的强度不发生变化，反映到信号检测上，就会出现信号极弱的现象。在图 4-7(b)中，$\Delta\lambda_B$ 过大，以至于偏离最佳匹配区间时，反射光强度随波长差而变化的变化率趋于平缓，相应地，在动态检测振动时，匹配光栅 $\Delta\lambda_B$ 的偏离情况将进一步加剧，而使波长差严重偏离最佳匹配区间，因而可获取的振动信号也极其微弱。对比可以看出，当 $\Delta\lambda_B = 0$ 或 $\Delta\lambda_B = 0.316\text{nm} > \Delta\lambda_{Bc}$ 时，电压信号的信噪比非常低；而当两个光栅的中心波长差选择为 $\Delta\lambda_B = 0.16\text{nm}$ 时，电信号的信噪比非常高，振动灵敏度基本达到最大值。

对于图 4-6 来说，$\Delta\lambda_B$ 处于波长差最佳匹配区间内，满足式 (4-11) 的条件，而 $\Delta\lambda_B = 0.16\text{nm}$ 又使得匹配光栅的波长差处于最佳匹配区间的中间值，为匹配光栅波长差的变化留有裕量。这样，在振动条件下，即使匹配光栅波长周期出现拉伸和曲缩，依然可以保证波长差 $\Delta\lambda_B$ 处于最佳匹配区间内，即满足式 (4-11) 的条件。因而，信号的强度和质量相比图 4-7 得到了很大的提高（图 4-7 中，信号强度坐标的刻度是 10mV，图 4-6 中信号强度坐标的刻度是 100mV）。前面的理论分析与实验结果一致。

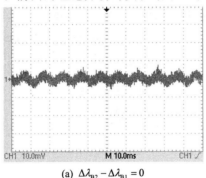

(a) $\Delta\lambda_{B2} - \Delta\lambda_{B1} = 0$

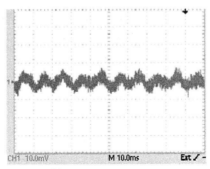

(b) $\Delta\lambda_{B2} - \Delta\lambda_{B1} = 0.316\text{nm}$

图 4-7　示波器的振动信号

4.3.2 加速度幅值的影响

为了测量不同加速度幅值情形下输出的电压信号,将测试的振动频率选择为100Hz。通过控制装置,调整振动台的激励加速度分别为0.1g、0.5g、1g、1.5g和2g,用示波器显示和记录系统输出的电压信号。图4-8给出传感器在100Hz时不同加速度幅值0.1g、0.5g、1g、1.5g和2g下的时域信号。图4-9(a)给出了系统电压幅值随加速度幅值的变化。可以看出,加速度幅值很低时(0.1g),信号的交流幅值较小;当加速度幅值较大时(2g),信号的交流幅值较大。从曲线中提取不同加速度幅值(A)下的交流幅值(V_{max}),可以得到图4-9(b)中的小圆圈。可以看出,电压幅值与加速度幅值具有良好的线性关系,灵敏度为$\delta V_{max}/\delta A \approx 135$ mV/g。事实上,通过调整放大电路的放大倍数这个灵敏度还可以得到改善。

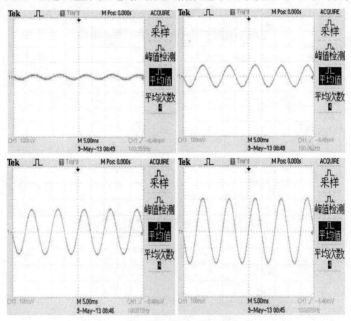

图 4-8 不同加速度下传感器的时域信号,振动频率为100Hz

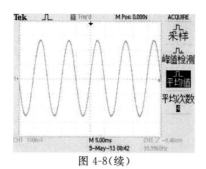

图 4-8(续)

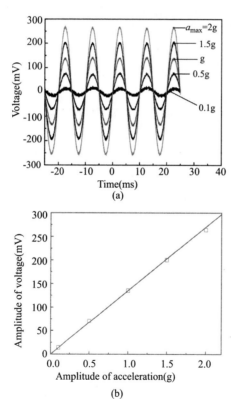

图 4-9　系统电压幅值随加速度幅值的变化

4.3.3　频率测量范围实验

一个性能优良的传感器，要具有高灵敏度和良好的频率响应特性。接下来，我们测量该加速度传感器的幅频特性。在幅频特性测试中，调节振动台，使加速度幅值 $a_{max}=0.5g$ 保持不变。调节振动台的频率，测量并记录传感系统输出电压的变化。

图 4-10 给出了振动频率依次为 100 Hz、200 Hz、400 Hz 和 800 Hz 时的电压信号，而图 4-11 给出了该加速度传感器的幅频特性。可以看出在 $200\sim700\,\mathrm{Hz}$ 的频率范围内，传感器电压幅值随频率变化较小，传感效果较好。由于传感器的幅频特性与悬臂梁的结构和材料有关，要获得更好的幅频特性，需要为振动传感器设计一个更好的悬臂结构。

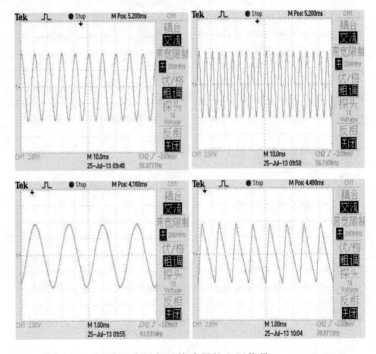

图 4-10　不同振动频率下传感器的电压信号，$a_{max}=0.5g$

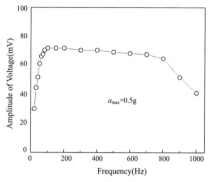

图 4-11　传感器幅频特性曲线，这里幅值 0.5g 保持不变

4. 4　悬臂梁倾角的影响

在上一节，讨论了基于双光栅和强度测量的加速度传感器，其中悬臂梁被假定是水平放置。事实上，人们在固定加速度传感器的时候，矩形悬臂梁不一定总是水平的。为此，本节将讨论一般情形，即假定矩形悬臂梁与水平面成一定的倾角 θ 时,倾角对加速度系统电压幅值的影响。

4. 4. 1　理论与计算

图 4-12 显示了矩形悬臂梁和质量块。其中，悬臂梁的长记为 L_1、宽记为 s_1、厚记为 v_1，矩形质量块的长记为 L_2、宽记为 s_2、厚记为 v_2。悬臂梁的厚度远小于质量块的厚度，这种情况下悬臂梁结构可以得到简化。采用最简单的"单自由度"振动系统，此时，悬臂梁有效长度 $L = L_1 + L_2/2$，质量块被看作为质量是 $m_2 = rL_2 s_2 v_2$ 的质点。如图 4-13 所示，当传感器不在水平位置时，惯性力 $P(t)$ 可以被分解为两个分量：

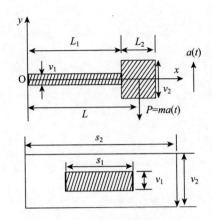

图 4-12　矩形悬臂梁（RCB）

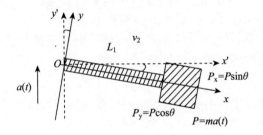

图 4-13　倾斜的矩形悬臂梁

$$P_y = m_2 a(t) \cos\theta \tag{4-18}$$

$$P_x = m_2 a(t) \sin\theta \tag{4-19}$$

这里 θ 是倾斜角，加速度 $a(t) = A\sin(2\pi ft)$。由惯性力分量 P_y 导致的沿梁垂直方向的应变可以表示为

$$\varepsilon_{xy}(y_{\text{mid}}, x) = y_{\text{mid}} \frac{(L-x)m_2 a(t)\cos\theta}{EI_1} \tag{4-20}$$

式中，EI_1 是悬臂梁的弯矩；$I_1 = s_1 v_1^3/12$ 是梁的惯性矩；y_{mid} 是测量点相对于中性面的坐标。

可以看出，应变与坐标 x 有关。当 $x=0$ 时，应变最大。因此布拉格光栅应该选择靠近原点的位置。考虑到 FBG 的长度大

约 1cm，令 $x_{mp}=0.5cm$。考虑到加速度的大小，则张力最大值的变化率可以表示为

$$\frac{\partial \varepsilon_{xy}(y_{mid}, x_{mp})}{\partial A} = y_{mid} \frac{L-x_{mp}}{EI_1} m_2 \cos\theta \qquad (4-21)$$

双布拉格光栅的波长漂移与动态应变的关系，可以表示为：

$$\Delta\lambda_{B1}(y_{mid}, t) = \lambda_{B1}(1-p_e)\varepsilon_{xy}\left(-\frac{w}{2}, t\right) \qquad (4-22)$$

$$\Delta\lambda_{B2}(z_{mid}, t) = \lambda_{B2}(1-p_e)\varepsilon_{xy}\left(\frac{w}{2}, t\right) \qquad (4-23)$$

于是，动态应变作用下两个 FBG 中心波长的差为

$$\Delta\lambda_B(y_{mid}, t) \approx (\lambda_{B2}-\lambda_{B1}) + \lambda_{B1}(1-p_e)\frac{w(L-x)m_2 a(t)\cos\theta}{EI_1}$$

$$(4-24)$$

惯性力分量 P_x 导致的沿梁长度方向的应变为

$$\varepsilon_{xx} = \frac{1}{Es_1 v_1}a(t)m_2 \sin\theta \qquad (4-25)$$

产生近似相同的波长漂移

$$\Delta\lambda_{B0}(t) = \lambda_{B1}(1-p_e)\frac{1}{Es_1 v_1}a(t)m_2 \sin\theta \qquad (4-26)$$

因此式(4-24)中两个 FBG 中心波长的差没有改变。

此外，由式(4-21)可知，增加 FBG 到中性面的距离也是一个提高灵敏度的有效方法。为此，在不影响最小自然频率的前提下，本实验设计了一个 FBG 可以固定其上的简易矩形悬臂梁结构。

4.4.2　实验结果与讨论

实验设置如图 4-14 所示。（A）是一台中心波长约 1300nm、频宽约 50nm 的 SLED 光源；（B）是光纤耦合器；（C）是可选的光谱仪；（D）是带有感敏管的电信号放大器；（E）是示波器；（F）是一个固定有 FBG 加速度计的标准振动台；（G）是 FBG 加速度计的内部结构，其中 FBG1 和 FBG2 分别固定在悬臂梁框架的上、下表面，中间用一根 50mm 长的光纤串联起来。

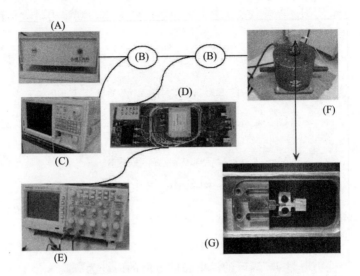

图 4-14　基于双光栅强度检测的加速度传感系统

通过耦合器，SLED 光源发出的光到达两个光纤光栅，它们的反射光又被导入到光敏管，再经放大电路后进入示波器。示波器显示的电压为

$$V(t) = V_{DC} + V_m \sin(2\pi f t) \tag{4-27}$$

这里 V_{DC} 是交变电压的直流成分，而交流幅值为

$$V_m = \eta k_{max} \lambda_{B1} (1 - p_e) \frac{w(L-x)m_2}{EI_1} \cdot A\cos\theta \tag{4-28}$$

它正比于加速度幅值，电压随加速度幅值的变化率或电压灵敏度为

$$\frac{dV_m}{dA} = \eta k_{max} \lambda_{B1} (1 - p_e) \frac{w(L-x)m_2}{EI_1} \cdot \cos\theta \tag{4-29}$$

可以看出，灵敏度则由光敏管和放大器的放大系数、FBG 的特征参数(λ_{B1}，p_e，k_{max})以及测量点应变变化率等三大要素决定。

如前文所示，为了获得较高灵敏度，分别为光栅 FBG1 和 FBG2 选择了初始波长 $\lambda_1 = 1294.890\text{nm}$ 以及 $\lambda_2 = 1295.050\text{nm}$，其初始中心波长差为 $\Delta\lambda = 0.16\text{nm}$，图 4-15 给出了双光栅的初始反射谱。

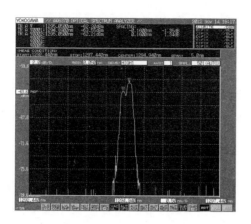

图 4-15　双光栅的反射谱

首先，将加速度传感器水平地固定在标准振动平台上，设定标准振动平台频率 $f = 100\,\mathrm{Hz}$，调制振动幅值。图 4-16 给出了加速度幅值分别为 $0.1\mathrm{g}$、$0.5\mathrm{g}$、$1\mathrm{g}$、$1.5\mathrm{g}$ 和 $2\mathrm{g}$ 时的交变电压的幅值。可以看到，电压幅值与加速度值幅值成正比，变化率或灵敏度 $\mathrm{d}V_{\max}/\mathrm{d}A \approx 135\,\mathrm{mV/g}$。事实上，灵敏度可以通过调整光敏管和放大器来获得提高。

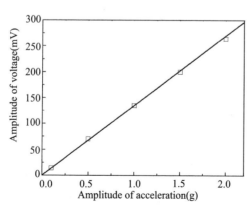

图 4-16　系统电压幅值随加速度幅值的变化，倾角 $\theta = 0°$ 固定

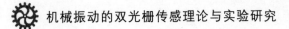

然后，固定加速度幅值 $A=0.5g$ 和振动频率 $f=200\,\mathrm{Hz}$，调整传感器在振动平台上的倾角度，完成了一系列振动实验。图4-17给出了倾角分别为 0°、15°、30°、45°和90°时的交变电压信号。

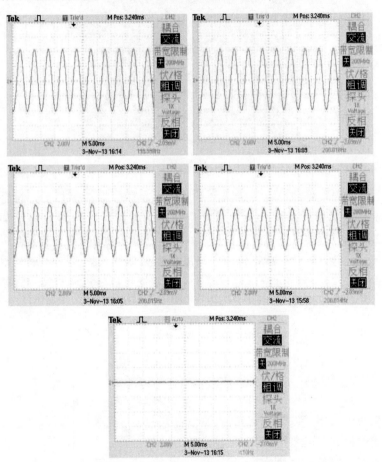

图 4-17　倾角分别为 0°、15°、30°、45°和90°时的交变电压信号

从图 4-17 的数据可以得到不同倾角时电压信号的幅值，如图 4-18 中的方块所示，而图中的实线由公式 $V_\mathrm{m}(\theta)=V_\mathrm{m}(0)\cos\theta$ 画

出。可以看到，实验数据与理论公式(4-28)是一致的。且当角度小于15°时，电压幅值的变化不到传感器水平放置时电压幅值的 5%。

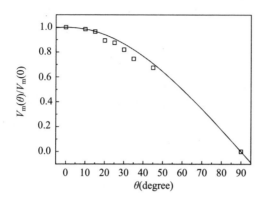

图 4-18　系统电压幅值随倾角 θ 的变化，加速度幅值 $A=0.5g$ 固定

4.5　本章小结

本章基于悬臂梁、双光纤光栅以及光强测量方法，提出并研究了一个低成本的、基于对双光纤光栅反射光谱强度测量的振动监测系统。首先基于耦合模方程并通过计算，提出了双光纤光栅中心波长的工作区间：$\lambda_{B2} - \lambda_{B1} = \lambda_{Bc}/2$，这里 $\Delta\lambda_{Bc} = 0.30\text{nm}$。在该区间内，反射光强与中心波长差成线性关系。

其次，也设计并制备了光电转换与信号放大电路，也给出了从两个光栅的波长差到光强信号，再到电压信号的主要公式。搭建的振动监测系统的实验表明，输出的电压信号的幅值与振动加速度的幅值呈良好的线性关系，非常适合于振动幅值在 $0.1g \sim 2g$ 和振动频率在 1kHz 范围内的振动监测。通过调整静态时匹配光栅的波长差处于最佳匹配区间，可使振动检测时的信噪比提高 10 倍以上，

另外，我们从理论和实验两方面调查了传感器放置的倾角对

电压信号的影响。简单的力学推导和实验都表明，电压信号的幅值与传感器倾斜角度的余弦函数是成比例的，且实验数据与理论公式一致。当角度小于 15°时，电压幅值的变化不到传感器水平放置时电压幅值的 5%。

本章研究成果发表 SCI 论文 2 篇：

[1] Yongjiao Wang, Yinquan Yuan, Lei Liang. A low-cost acceleration monitoring system based on dual fiber bragg gratings [J]. International Journal for Light and Electron Optics, 2015, 126: 1803-1805. (SCI, IF 0.74)

[2] Xueqing Gao, Yongjiao Wang, Bo Yuan, et al. Low-cost vibration sensor based on dual fiber Bragg gratings and light intensity measurement[J]. Applied Optics, 2013, 52(27): 1-7. (SCI, IF 1.6)

第5章　转轴角振动的双光栅传感方法

　　所有传动机构都离不开转轴完成动力传输。从各种类型和大小的电动机和发电机，到汽车、火车、轮船、飞机的发动机，都是依靠转轴把动力传输到负载。在这个能量传输的过程中，动力机械通过电力或者化学能源施加给转轴一个主动力矩，通过转轴带动负载运转，当主动力矩与负载的阻力矩达到平衡时，转轴处于匀速率运转中。在扭矩及负载的作用下，转轴会发生扭转，体现为一个扭转角。可以预见，在实际应用中，转轴扭转过大或转轴损坏会带来严重的后果，所以对转轴的扭矩和扭转角进行在线监测极为必要。此外，通过监测电动机和发动机的转轴状态，还可以了解转轴与轴承的摩擦情况，同时对于计算机实时控制动力机械也是十分重要的。

　　传统的扭矩监测方法有传递法、平衡力法和能量转化法，相应的仪器都具有体积大和易受电磁干扰的缺点。通过对光纤光栅传感器在温度、应变、振动以及扭矩监测中的应用研究，发现光纤传感技术具有抗电磁干扰、灵敏度高和体积小等许多显著优点，非常适用于对转轴扭矩的动态监测。

　　将双光栅按一定方式固定在转轴上，可实现对转轴的扭矩和扭转角及其振动的在线监测，且相对单光栅监测具有如下三个优点：一是监测灵敏度加倍，二是通过双光纤光栅特征波长的差分可以消除温度影响，三是通过波长匹配实现基于光强测量的振动监测。在本章，首先对转轴的扭矩和扭转角做简要介绍。在此基础上，提出并完成两种在线监测扭矩和扭转角的光纤传感方案。其一是利用波长解调方法，通过对双光纤光栅特征波长采用差分处理，从而消除温度影响，实现在线监测扭矩和扭转角的方案。

其二是采用级联 CFBG 和光电转换的强度测量方法，监测旋转轴的扭矩、扭转角及其角振动。

5.1 转轴角振动的力学基础

5.1.1 扭矩与应变

在扭转外力偶矩作用下，转轴横截面上将产生一个连续的分布力系，这一分布力系组成一力偶矩，与外力偶矩平衡。这一力偶矩称为扭矩。扭矩是内力偶矩，它与外力偶矩有关。图 5-1 为一圆柱形传动轴的示意图，其中 M 为施加在转轴上的扭矩，D 为转轴的直径。根据材料力学，转轴在受纯扭转力作用下，最大拉应力发生于相对于轴向方向的 $\pm45°$ 方向，其大小等于转轴的最大剪应力[131]，即 $\sigma = \tau_{\max}$。轴截面上最大剪应力发生在圆周表面，即 $\rho = R$ 处，方向与圆周相切，故有

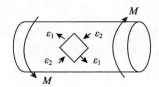

图 5-1　转轴表面受力示意图

$$\sigma = \tau_{\max} = \frac{MD}{2I_p} \tag{5-1}$$

这里，I_p 为转轴的惯性矩。对实心圆柱轴，惯性矩为

$$I_p = \frac{\pi D^4}{32} \tag{5-2a}$$

而空心圆环轴的惯性矩为

$$I_p = \frac{\pi D^4}{32(D^4 - d^4)} \tag{5-2b}$$

其中 d 为空心轴的内径。

根据胡克定律 $\sigma = E\varepsilon$，再结合式(5-1)和(5-2)进行推演，可以得到转轴的最大应变与扭矩的关系，并可用下式来表示

$$\varepsilon = \frac{D}{2EI_{\mathrm{p}}}M \qquad (5\text{-}3)$$

而转轴最大应变的变化率可表示为

$$\frac{\partial \varepsilon}{\partial t} = \frac{D}{2EI_{\mathrm{p}}} \cdot \frac{\partial M}{\partial t} \qquad (5\text{-}4)$$

5.1.2 扭矩与扭转角

为了形象地描述转轴扭转时的变形情况，如图 5-2(a)所示，在转轴的表面画出了一些纵向直线和圆周线，形成一些规则的方格。在两端施加反向的扭矩后，转轴发生变形，如图 5-2(b)所示。此时，圆周线大小和形状都没有变化，两条圆周线之间的间距也没有改变，假定轴线不动，圆周线只是围绕轴线旋转了一定的角度。假定转轴变形后，各横截面仍保持为平面，其大小、形状不变，半径仍保持为直线[131]。在图 5-2 中，在转轴上选取微小圆柱 $x—x+\mathrm{d}x$，其两端的横截面变形后仍为平面，变形后截面 $b'd'$ 相对于截面 $a'c'$ 刚性转动了 $\mathrm{d}\varphi$ 角：

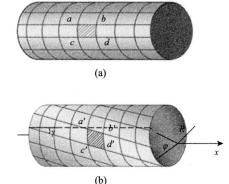

(a)

(b)

图 5-2　扭矩与扭转角关系的示意图

$$d\varphi = \frac{M}{GI_p}dx \tag{5-5}$$

材料的剪切弹性模量为

$$G = \frac{E}{2(1+\mu)} \tag{5-6}$$

上式中 μ 为泊松比，E 为材料的拉伸弹性模量。对整个转轴沿轴线方向积分，距离为 L 的两个横截面之间的相对扭转角可以通过下式求出

$$\varphi = \frac{L}{GI_p}M \tag{5-7}$$

5.2 转轴角振动的双光栅传感实验

图 5-3 为基于双 FBG 的转轴角振动传感系统的组成示意图。系统由一个 3dB 耦合器、一个光源（中心波长为 1550nm、频谱宽度为 60nm）、两个不同初始波长的 FBG（FBG1 和 FBG2）、一台解调仪及微机组成。其中，两个 FBG 分别相对于轴线方向 $+\pi/4$ 和 $-\pi/4$ 角度安装在柱形轴表面。光源发出的光通过耦合器到达 FBG1 和 FBG2，从两个不同初始波长的光栅反射回来的光被解调仪解调，并通过微机显示出来。

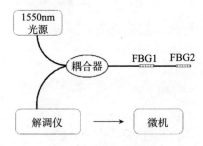

图 5-3 双 FBG 转轴角振动传感系统示意图

图 5-4(a) 和 (b) 分别为扭矩动态测量系统的示意图和实物图。

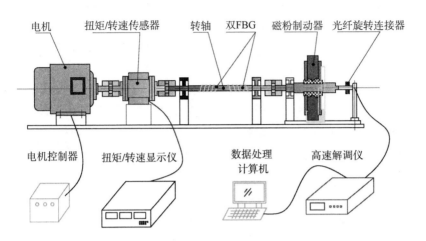

(a) 示意图

(b) 实物图

图 5-4　扭矩动态测量系统的示意图和实物图

　　动力系统由步进电机提供，变频器调节转速，电机通过联轴器与扭矩/转速传感器相连，扭矩/转速传感器连接扭矩/转速测量仪，可以实时显示扭矩和转速。磁粉制动器充当负载，磁粉制

动器通过张力控制器进行控制，通过调节张力控制器的输出电流
大小就能改变其输出的扭矩，通过调节输入电流($0\sim0.45$A)控制
对应扭矩在 $0.9\sim3.4$N·m 的范围内。由于转轴在快速旋转，因
此光纤光栅信号的传输成为了至关重要的问题。本文采用了体积
最小、重量最轻的 MJX 微型光纤旋转无线连接器，实现了光信
号的无线对接和传输。把制备好的两个 FBG 探头安装在转轴上，
然后把光纤的另外一端沿转轴牵引到转轴的端部，再接入无线连
接器的转子端固定，而无线连接器的定子端则连接光纤传感的 Y
型耦合器等地面系统。

5.2.1 双 FBG 光栅的波长差

为了比较，设计并制备了两种探头，其一是具有不同初始波
长 λ_{10} 和 λ_{20} 的两个普通光栅 FBG1 和 FBG2。如图 5-5 所示，把两
个光栅分别相对于轴线方向 $+\pi/4$ 和 $-\pi/4$ 角度安装在一个圆柱
形的轴表面。当转轴受到扭矩 M 作用时，因转轴发生扭转，粘贴
其上的光栅 FBG1 和 FBG2 也将经历大小相同、但方向相反的主应变
（压缩和拉伸应变）。在恒定温度下，光栅的中心波长的变化量为：

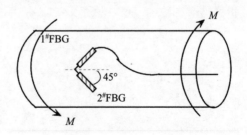

图 5-5　光栅安装示意图

$$\Delta\lambda_1 = \lambda_{10}(1-P_e)\varepsilon \qquad (5\text{-}8a)$$
$$\Delta\lambda_2 = -\lambda_{20}(1-P_e)\varepsilon \qquad (5\text{-}8b)$$

记两个光栅未受扭矩作用时的中心波长分别为 λ_{10} 和 λ_{20}，受扭矩
作用后中心波长漂移分别为 $\Delta\lambda_1$ 和 $\Delta\lambda_2$，ε 为光纤受扭矩作用后发

生的应变，P_e 为光纤的弹光系数。两个光栅的波长差为：

$$\Delta\lambda = (\lambda_{10} - \lambda_{20}) + (\lambda_{10} + \lambda_{20})(1 - P_e)\varepsilon \qquad (5\text{-}9a)$$

$$= (\lambda_{10} - \lambda_{20}) + (\lambda_{10} + \lambda_{20})(1 - P_e)\frac{D}{2EI_p}M \qquad (5\text{-}9b)$$

由此方程可以得到，波长差随扭矩的变化率为

$$\frac{\partial \Delta\lambda}{\partial M} = (\lambda_{10} + \lambda_{20})(1 - P_e)\frac{D}{2EI_p} \qquad (5\text{-}10)$$

给定两个初始波长、转轴的直径和弹性模量，即可求得波长差随扭矩的变化率。

由于转动过程中，所有物理量都是随时间变化的，可以得到波长差随时间的变化关系为

$$\Delta\lambda(t) = (\lambda_{10} - \lambda_{20}) + (\lambda_{10} + \lambda_{20})(1 - P_e)\frac{D}{4(1+\mu)} \cdot \frac{1}{L}\varphi(t)$$
$$(5\text{-}11)$$

从式(5-9a)可以看出，波长差的变化与外界应变成线性关系；从式(5-9b)和式(5-11)可以看出，波长差的变化与施加在轴上的扭矩以及转轴的扭转角成线性关系。

实验表明，波长差 $\Delta\lambda(t)$ 随时间呈周期性变化，这也预示着圆柱轴的扭转角也随时间周期性变化，可表达为：

$$\bar{\omega}(t) = \bar{\omega}_0 + \bar{\omega}_m \sin(2\pi f t + \varphi_0) \qquad (5\text{-}12a)$$

式中，f 是角振动频率，φ_{max} 角振动幅值，φ_0 是初位相。而角加速度为：

$$\beta(t) = \frac{\mathrm{d}^2 \bar{\omega}(t)}{\mathrm{d}t^2} = -4\pi^2 f^2 \bar{\omega}_m \sin(2\pi f t + \varphi_0) \qquad (5\text{-}12b)$$

于是波长差随时间的变化关系为

$$\Delta\lambda(t) = (\lambda_{10} - \lambda_{20}) + (\lambda_{10} + \lambda_{20})(1 - P_e)\frac{D}{4(1+\mu)L}\bar{\omega}_0$$
$$+ (\lambda_{10} + \lambda_{20})(1 - P_e)\frac{D}{4(1+\mu)L}\bar{\omega}_m \sin(2\pi f t + \varphi_0)$$
$$(5\text{-}12c)$$

通过高速解调仪可以测得不同时刻的波长差，据此了解和分

析转轴扭转角的大小与变化规律。

5.2.2 基于波长解调的扭矩传感实验

选择两个具有不同初始波长 λ_{10} 和 λ_{20} 的普通光栅,分别记为 FBG1 和 FBG2。为保证扭矩测量中两个光栅的反射峰具有一定的间隔,不会产生重叠,两个光栅的初始波长差大约为 15nm。如图 5-5 所示,把两个光栅分别相对于轴线方向 $+\pi/4$ 和 $-\pi/4$ 角度安装在直径为 15cm 圆柱形的轴表面。粘贴好的光栅,在无应变状态下,光栅的反射峰的中心波长分别 $\lambda_{10} = 1555.791\text{nm}$ 和 $\lambda_{20} = 1540.619\text{nm}$,FWHM 为 0.12nm,光栅的初始反射光谱如图 5-6 所示。

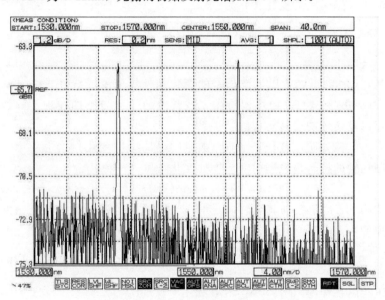

图 5-6　双 FBG 的光谱图

首先进行一系列的实验,以了解电机的转速和扭矩对波长差的影响。这里,通过电机变频器可以调节电机转速,通过改变磁粉制动器的输入电流可以调节扭矩。在恒定转速为 600r/min 的情况下,测试了不同扭矩下的反射谱。图 5-7 给出了磁粉制动器的输入电流(扭矩)分别为 0、0.20A(安培)和 0.40A 时的波长差的时域信号。可以看出，FBG1 和 FBG2 的中心波长差都随时间呈周期性的振动变化：

$$\Delta\lambda(t) = \Delta\lambda_{DC} + \Delta\lambda_{m}\sin(2\pi f t + \varphi_0) \qquad (5\text{-}13)$$

式中，$\Delta\lambda_{DC}$ 可理解为"直流"部分，而 $\Delta\lambda_{m}$ 可理解为振动幅值，f 为信号振动频率。可以看出，两个 FBG 输出波长的振动幅度基本一致，且相位差大约为 π。

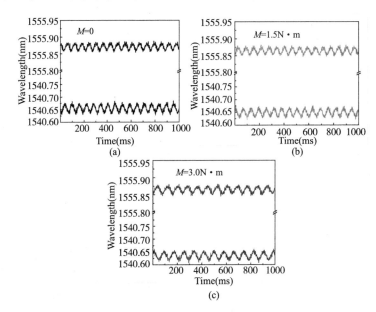

图 5-7　转速为 600r/min 时不同扭矩下波长差的时域信号

图 5-8(a)中的方块则给出了扭矩分别为 0、0.1、0.2、0.3 和 0.4 个电流单位的波长差的直流成分 $\Delta\lambda_{DC}$。可以看出，扭矩分别为 0、0.1、0.2、0.3 和 0.4 个电流单位时的 $\Delta\lambda_{DC}$ 值呈良好的线性关系。而扭矩为 0 时的 $\Delta\lambda_{DC}$ 值，即 $\Delta\lambda_{DC}(0)$，明显不在该直线上。一个最简单的解释是，它来源于转轴与轴承之间的摩擦导致的耗散力矩 M_0。于是用不同扭矩下的 $\Delta\lambda_{DC}(M)$ 减去 $\Delta\lambda_{DC}(0)$，可以得到不同扭矩下的

$\Delta\lambda_{DC}(M) - \Delta\lambda_{DC}(0)$ 值，如图 5-8(b) 中的方块所示，可以看出，$\Delta\lambda_{DC}(M) - \Delta\lambda_{DC}(0)$ 与 M_d 呈良好的线性关系。

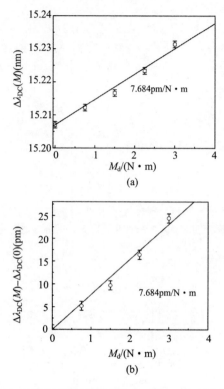

图 5-8　(a)$\Delta\lambda_{DC}(M)$ 与 M_d 的关系　(b)$\Delta\lambda_{DC}(M) - \Delta\lambda_{DC}(0)$ 与 M_d 的关系

为了解中心波长差随时间周期性变化的振动频率 f，固定扭矩为 0.2 个电流单位，测量了不同转速分别为 420r/min、700r/min、960r/min 和 1200r/min 下 2 个 FBG 波长差的时域信号及基频，如图 5-9(a)～(d)所示，把它们的基频在图 5-10 中用方块表示。可以看出，FBG1 和 FBG2 中心波长差随时间周期性振动的基频 f_1 与转速呈良好线性关系。

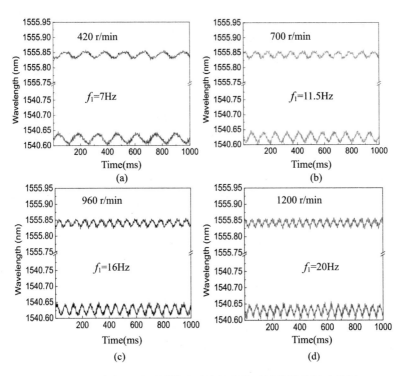

图 5-9　固定扭矩下不同转速时波长差的时域信号及振动基频

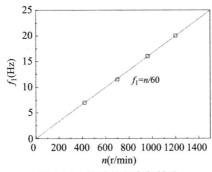

图 5-10　振动的频率与转速

5.3 转轴角振动的双啁啾光栅传感实验

图 5-11 为基于双啁啾光栅的角振动传感系统的组成示意图。系统由一个耦合器、一个光源(中心波长为 1300nm、频谱宽度为 60nm)、两个 CFBG(1# CFBG 和 2# CFBG)、一个光敏管、一个放大电路和一个示波器组成。其中,两个 CFBG 分别相对于轴线方向 $+\pi/4$ 和 $-\pi/4$ 角度安装在柱形轴表面。光源发出的光通过 3dB 耦合器到达 2# CFBG 和 1# CFBG,光敏管收到从两个光栅反射回来的光,并转化成电信号,电信号经放大电路将信号放大并传输到示波器显示。

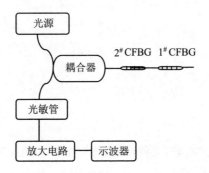

图 5-11   双啁啾光栅角振动传感器的结构图

图 5-12(a)和(b)分别为扭矩动态测量系统的示意图和实物图。动力系统由步进电机提供,变频器调节转速。磁粉制动器充当负载,通过调节输入电流(0~0.45A)控制对应扭矩在 0.9~3.4N·m 的范围内。在电机与转轴之间安装了扭矩/转速传感器,扭矩/转速传感器可以实时检测电机输出的扭矩和转速,并通过扭矩/转速测量仪进行实时显示。传感系统输出的信号为随时间变化的光强信号,通过双通道光电转换模块后,转换成电压信号并将信号放大,通过示波器显示出来。图 5-13 为示波器的采样图及系统采用的双通道光电转换模块。由于转轴在快速旋转,因此

光纤光栅信号的传输成为了至关重要的问题。采用了体积最小、重量最轻的 MJX 微型光纤旋转无线连接器，实现了光信号的无线对接和传输。把制备好的两个 CFBG 探头安装在转轴上，然后把光纤的另外一端沿转轴牵引到转轴的端部，再接入无线连接器的转子端固定，而无线连接器的定子端则连接光纤传感的 Y 型耦合器等地面系统。为减少由电机高速转动带来的振动和安装实验误差，整个硬件系统固定于铸铁实验平台之上。

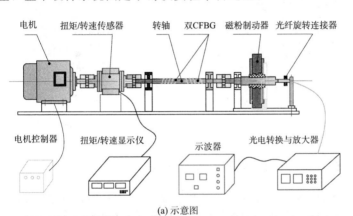

(a) 示意图

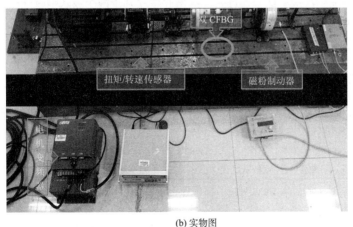

(b) 实物图

图 5-12　扭矩动态测量系统的示意图和实物图

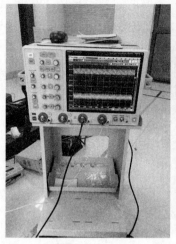

图 5-13　示波器采样图及双通道光电转换模块

5.3.1　双啁啾光栅的反射光强

在第 4 章，提出并建立了基于双 FBG 的振动监测方法和在线监测系统。在这一部分，进一步提出并建立基于两个级联啁啾光栅，分别为 CFBG1 和 CFBG2 的振动监测方法和在线监测系统。事先设计并制备了具有不同中心波长 λ_{10} 和 λ_{20} 的两个啁啾光栅 CFBG1 和 CFBG2，把两个光栅分别相对于轴线方向 $+\pi/4$ 和 $-\pi/4$ 角度安装在一个圆柱形的轴表面。当转轴受到扭矩 M 作用时，因转轴发生扭转，粘贴其上的光栅 CFBG1 和 CFBG2 也将经历大小相同、但方向相反的主应变（压缩和拉伸应变）。在恒定温度下，光栅的中心波长的变化还是遵从式(5-11)～(5-15)。由于这个差值被限定在一定范围内，所以两个 CFBG 的反射谱存在一定的重叠。

将 CFBG1 的初始中心波长固定为 1312.850nm 不变，CFBG2 的中心波长为 $\lambda_2 = \lambda_1 + \Delta\lambda$，其差值 $\Delta\lambda$ 是可调的。图 5-14 给出了差值 $\Delta\lambda$ 分别为 0、1nm、3nm 和 5nm 时的两个 CFBG 光栅耦合下的反射光谱。从图中可以看出：当 $\Delta\lambda > 5$nm 时，光栅的

两个反射峰将完全分开；在 $\Delta\lambda \leqslant 5\mathrm{nm}$ 时，两个反射峰之间存在重合部分。

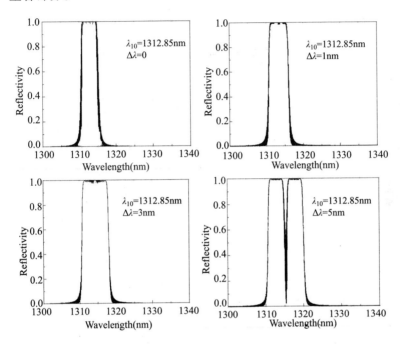

图 5-14　未受应变时双 CFBG 的反射谱，这里 $\lambda_{B1} = 1300.0\mathrm{nm}$

可以认为，主瓣面积与两个 CFBG 反射光的强度成正比关系。图 5-15 给出了两个啁啾光栅中心波长的差值与主瓣面积的依赖关系。从图中看出：当 $\Delta\lambda = 0$ 时，反射谱的主瓣面积 S 最小，然后随着 $\Delta\lambda$ 值的增加，面积也随之增加；当 $\Delta\lambda > \Delta\lambda_{Bc} = 5\mathrm{nm}$ 时，主瓣面积趋于饱和。进一步，当两个光栅中心波长的差值变化范围在 $[0, \Delta\lambda_{Bc}]$ 区域内，主瓣面积 S 与两个波长差值 $\Delta\lambda$ 的变化率达到最大：

$$\left[\frac{\delta S}{\delta(\Delta\lambda_B)}\right]_{\max} \approx 0.98 \tag{5-14}$$

可以看出，双 CFBG 的主瓣面积随中心波长差的变化率比双 FBG 的略有增加，但双 CFBG 的面积绝对值比双 FBG 的大一个数量级，而且主瓣面积随中心波长差的线性变化范围($0\sim5$nm)比双 FBG 的线性变化范围($0\sim0.4$nm)大一个数量级。

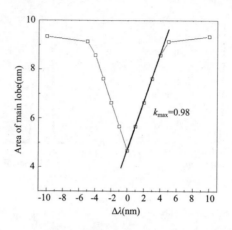

图 5-15　主瓣面积随初始中心波长差异的依赖关系

5.3.2　双啁啾光栅反射光的光电转换

在设定的中心波长区域，主瓣面积为：

$$S(t)=S_0+k_{\max}\Delta\lambda_B(t)$$

$$=S_0+k_{\max}(\lambda_{10}-\lambda_{20})+k_{\max}(\lambda_{10}+\lambda_{20})(1-P_e)\frac{D}{4(1+\mu)}\cdot\frac{1}{L}\varphi(t)$$

$$(5\text{-}15)$$

对于第 4 章第 2 节给出的 FBG，$S_0=0.255$nm，$k_{\max}=0.85$。对于本部分给出的 CFBG，$S_0=4.67$nm，$k_{\max}=0.98$。可以明显看出，啁啾光纤光栅的主瓣面积是 FBG 的近 20 倍。来自两个光栅的反射光被转换成电信号，示波器的电压信号可表示为：

$$V(t)=\eta S(t)$$

$$=V_0+\eta k_{\max}(\lambda_{10}+\lambda_{20})(1-P_e)\frac{D}{4(1+\mu)}\cdot\frac{1}{L}\varphi(t)$$

$$=V_{DC}+V_{\max}\sin(2\pi ft+\varphi_0)$$

$$(5\text{-}16)$$

这里 η 是转换放大系数。交变电压的直流部分

$$V_{\mathrm{DC}} = \eta\left[S_0 + k_{\max}(\lambda_{10} - \lambda_{20}) + k_{\max}(\lambda_{10} + \lambda_{20})(1 - P_{\mathrm{e}})\frac{D}{4(1+\mu)} \cdot \frac{1}{L}\varphi_0\right]$$

$$\text{(5-17)}$$

交变电压的幅值为

$$V_{\mathrm{m}} = \eta k_{\max}(\lambda_{10} + \lambda_{20})(1 - P_{\mathrm{e}})\frac{D}{4(1+\mu)} \cdot \frac{1}{L}\bar{\omega}_{\mathrm{m}} \quad \text{(5-18)}$$

可以看出，该幅值与扭转角幅值 φ_{m} 成正比，而变化率 $\delta V_{\mathrm{m}}/\delta\varphi_{\mathrm{m}}$ 决定于光敏管和放大器的放大系数、CFBG 的特征参数（λ_{B1}，p_{e}，$k_{\max}$）和转轴的结构参数（w，K_{S}）。

5.3.3　基于双啁啾光栅的扭矩传感实验

实验中要使用的啁啾光栅（CFBG），也是利用相位掩模法和准分子激光器刻写而成的。如图 5-16 所示，在室温无应变状态下，两个啁啾光栅反射峰的中心波长分别 $\lambda_{10} = 1548.000\mathrm{nm}$ 和 $\lambda_{20} = 1550.0\mathrm{nm}$，3dB 带宽都为 4.0nm，初始中心波长间隔为 2.0nm，以保证自由状态时两个光栅的反射峰彼此交叠一半。图 5-17 所示为双 CFBG 级联后的光谱图。

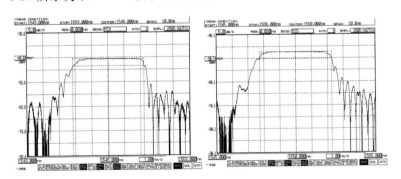

图 5-16　两个 CFBG 各自的初始光谱图

两个级联 CFBG 的中心波长会随扭转角的变化而变化，这种变化不受光信号强度的干扰。但是，在强度测量方法中，由于旋

转机械的振动，反射光信号的强度容易受到干扰，这样测量的结果，容易存在一定的误差。本系统采用一种光路补偿方案来解决这个问题，如图 5-18 所示。

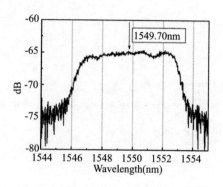

图 5-17　级联双 CFBG 的初始光谱图

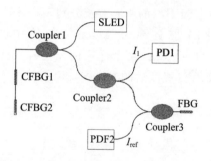

图 5-18　扭矩监测系统的光强补偿方案

　　为了消除旋转机械的振动带来的光源不稳定，以及对传感器检测精度的影响，在实验中采用了一个补偿方法：将两个 CFBG 串接在一起作为传感器的敏感元件；宽带光源的入射光通过耦合器 1 进入 CFBG1 和 CFBG2，两个光栅的反射光经耦合器 1，其中一路返回解调系统的检测光路中，另一路光又经过耦合器 2 将反射光一分为二，一路由光电探测器 PD1 直接处理得到光强 I_1，另一路经耦合器 3 进入用于光强补偿的普通光栅 FBG 中。选择普通 FBG 作为补偿光栅的原因是，普通光栅 FBG 的反射谱比传感光栅 CFBG 的啁啾反射谱窄很多，且在传感光栅 CFBG 反射谱的带宽范围之内。带有传感信号、又经过补偿 FBG 的反射信号，经过耦合器 3，达到光电探测器 PD2，得到光强 I_{ref}。最后，两个 CFBG 的反射光强可用 I_1/I_{ref} 表示。

通过电机变频器调节电机的转速为一恒定值(900r/min)，测量不同扭矩下输出的电压信号。图 5-19(a)～(c)给出了 900r/min 转速下扭矩分别约为 5N·m、15N·m 和 30N·m 时电压的时域信号。可以看出，电压信号随时间呈周期性的振动变化。由于负载扭矩增加时，光纤无线连接器的光损失变大，图 5-17(d)给出了补偿后的电压信号，图 5-19(e)则是该电压信号的 100 点光滑曲线。

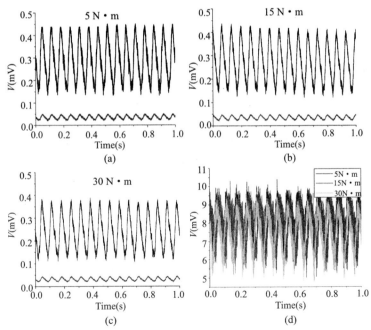

图 5-19　扭矩分别约为 5N·m、15N·m 和 30N·m 时的电压信号

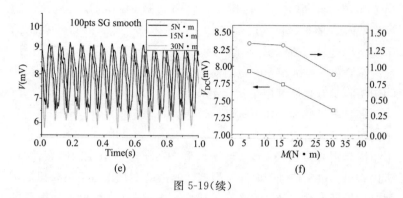

图 5-19(续)

由图 5-19(e)可以看出,当扭矩分别为 5N·m、15N·m 和 30N·m 时,对应的电压波形也发生变化。根据该波形图,可进一步计算出直流电压 V_{DC} 和交变电压的幅值 V_m 随扭矩的变化曲线,如图 5-19(f)所示。可以看出,随着扭矩的增加,直流电压 V_{DC} 和交变电压幅值 V_m 都缓慢下降,这个结果看似与 5.3 节中的公式相矛盾,但其实是一致的。

在推导 5.3 节中的公式时,是假定中心波长稍大的光栅(1550nm)处于转轴拉伸应变状态($\varepsilon > 0$),而中心波长稍小的光栅(1548nm)处于转轴压缩应变($-\varepsilon$)位置。这样,当扭矩增加、扭转角也增加时,两个啁啾光栅的波长差、反射光强和电压都随之增加。

但是,当测量时使电动机反转,则中心波长稍大的光栅(1550nm)处于转轴压缩应变状态($-\varepsilon$),而中心波长稍小的光栅(1548nm)处于转轴拉伸应变(ε)位置。这样,当扭矩增加、扭转角也增加时,两个啁啾光栅的波长差为

$$\Delta\lambda = (\lambda_{10} - \lambda_{20}) - (\lambda_{10} + \lambda_{20})(1 - P_e)\frac{D}{2EI_p}M \qquad (5\text{-}19)$$

此情形下,反射光强和电压都随扭矩增加而减小。

此外,通过实验还注意到,这种基于双啁啾光栅的光强测量方法,虽然具有理论上的高灵敏度和低成本的优点,但也有一个大缺点,即信噪比偏低。其原因分析如下:按照在 5.2 节的理论

与实验计算结果，两个 FBG(CFBG)的中心波长差随扭矩的变化率大约为 7.68pm/N·m，对于 30N·m 的扭矩，两个中心波长差大约漂移 0.2nm。本文为提高扭矩测量范围，选取的级联双 CFBG 初始光谱的半高宽大约有 6nm，所以这种基于双啁啾光栅的光强测量方法的信噪比大约为 0.2/63.3%。因此，为增加信噪比，可以尝试减小半高宽，比如说 2nm，对应的信噪比就可以提高到大约 0.2/2=10%。

　　固定扭矩为 10N·m，通过电机变频器调节电机的转速 300r/min、600r/min、900r/min 和 1200r/min，测量不同转速下输出的电压信号。图 5-20 给出了相应转速下电压的时域信号。从图 (a)~(d)可以看出，电压信号随时间都呈周期性的振动变化，而且当转速增加到 600r/min、900r/min 和 1200r/min 时，输出的电压信号都明显降低，这是由于转速较高时，光纤旋转无线连接器的光损失增大，此时光强补偿光栅 FBG 对应的电压信号(在图(a)~(d)中下面的曲线)可以起到补偿作用，用图(a)~(d)中下面的电压信号除上面的电压信号，即可得到图 5-20(e)所示的补偿曲线，而图 5-20(f)则是图 5-20(e)所示曲线的光滑曲线。由图 5-20(f)通过快速傅立叶变换，可进一步求出信号的振动频率，如图 5-21 所示。

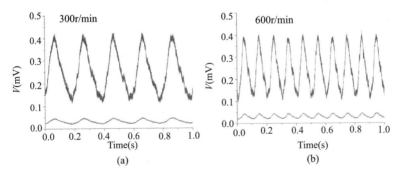

图 5-20　不同转速下的电压信号

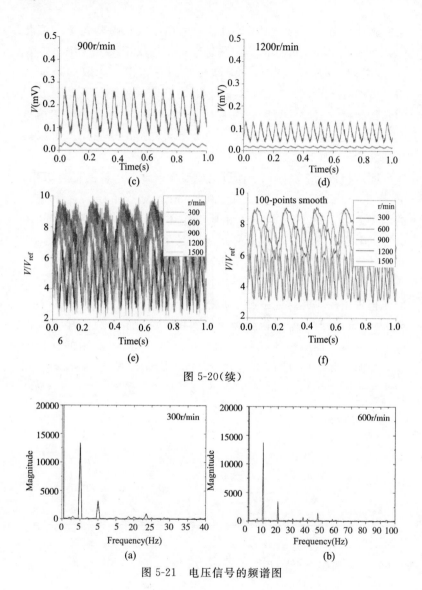

图 5-20(续)

图 5-21　电压信号的频谱图

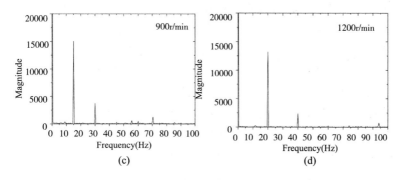

图 5-21(续)

5.4　本章小结

本章首先给出了双光栅监测扭矩和扭转角的理论基础。把两个光栅分别相对于轴线方向 $\pi/4$ 和 $-\pi/4$ 的角度安装在一个圆柱形的轴表面。当转轴受到扭矩作用时，两个光栅将经历幅度相同、但方向相反的主应变，而光栅中心波长差与扭矩和扭转角成正比。

其次研究并给出了双啁啾光栅监测扭矩和扭转角的系列公式，两个级联的 CFBG，它们的谱宽相同、初始中心波长差相距为半个谱宽时，双 CFBG 的主瓣面积随中心波长差的变化率比双 FBG 的略有增加，但主瓣面积随中心波长差的线性变化范围(0～5nm)比双 FBG 的线性变化范围(0～0.4nm)大一个数量级。

再次，利用光电转换和放大电路，把双啁啾光栅的反射光转化为电压信号输出。通过假定输出电压与双啁啾光栅的反射光强成正比、双啁啾光栅的反射光强与其主瓣下面积成正比，给出了电压信号与扭矩和扭转角的依赖关系。

最后，对转轴扭矩的双光栅测量方案进行了实验研究。采用高速解调电压直流成分仪，以 1kHz 的采样频率测量出一系列时刻两个光栅的中心波长差。实验数据表明，在转轴与轴承之间存在一个摩擦力矩，它导致两个光栅的中心波长差 $\Delta\lambda_{DC}(0)$，而不同扭矩下的 $\Delta\lambda_{DC}(M) - \Delta\lambda_{DC}(0)$ 值与负载施加的扭矩 M 呈良好的线性关系。还可以看出，中心波长差会随时间周期性振动，其基频 f_0 与转速呈良好的线性关系。而基于双啁啾光栅强度检测方法的实验表明，测得的电压信号与理论预测的变化规律一致，特别是，电压直流成分对扭矩的灵敏度为 12.88pm/N·m，电压交流成分对扭矩的灵敏度为 18.5pm/N·m。

本章研究成果发表 SCI 论文 1 篇：

［1］Yongjiao Wang，Lei Liang，Yinquan Yuan，et al. A Two Fiber Bragg Gratings Sensing System to Monitor the Torque of Rotating Shaft ［J］. Sensors，2016，16：1-8. （SCI，IF 2. 033）

第6章　齿轮振动的双光栅传感方法

齿轮传动系统是一个弹性机械系统，里面包含有齿轮、轴承、传动轴等零件，其动力学特性对机械设备的性能和技术指标有直接的影响[132]。要开展对齿轮传动系统的监测研究，最直接的方法就是以一对啮合齿轮为对象，从静态和动态两个角度对轮齿的形变、应力应变分布和动力学进行研究和分析。将双光栅按一定方式固定在齿轮轮齿上，可实现对轮齿的变形和振动的在线监测。相对单光栅监测，这种监测方法具有如下三个优点：一是监测灵敏度加倍，二是通过双光纤光栅特征波长的差分可以消除温度的影响，三是通过波长的匹配实现基于光强测量的振动监测。在本章，首先简要介绍轮齿的变形和振动，然后在此基础上提出采用双 CFBG 和光强测量方法监测轮齿的的变形和振动。

6.1　齿轮传动系统的基础理论

6.1.1　轮齿变形

齿轮受载后，会发生表面和整体的变形。按材料力学方法，可将轮齿简化为变截面悬臂梁。齿轮在啮合过程中，轮齿会变形，其变形由悬臂梁的弯曲变形和剪切变形、齿面啮合的接触变形等部分组成。石川法是计算轮齿变形的一个普遍计算方法。为简化计算，本文采用石川法计算轮齿变形，如图 6-1 所示为轮齿的结构及形变模型[133]。

表 6-1 定义了描述轮齿的参数与符号，其余符号如图 6-1 所示。根据轮齿的几何形状，h 和 h_M 为分别表示为：

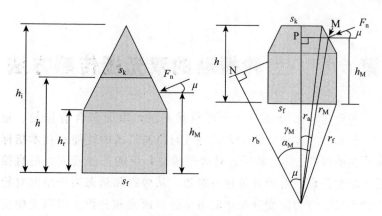

图 6-1　石川法计算齿轮变形的模型

表 6-1　轮齿符号表

符号	含义
m	模数
z	齿数
h_a	齿顶高
c	顶隙系数
α_0	压力角
μ	载荷压力角
x	变位系数
r_b	基圆半径
r_a	齿顶圆半径
r_f	齿根圆半径
r_{fe}	有效齿根圆半径
r_M	载荷作用点与齿轮中心点的距离
α'	啮合角
E	齿轮材料的弹性模量
ν	泊松比
F_n	作用在轮齿上的法向力
b	齿宽

$$h=\sqrt{r_a^2-s_k^2/4}-\sqrt{r_f^2-s_f^2/4} \tag{6-1}$$

$$h_M=r_M\cos(\alpha_M-\mu)-\sqrt{r_f^2-s_f^2/4} \tag{6-2}$$

其中

$$h_i=\frac{hs_f-h_r s_k}{s_f-s_k} \tag{6-3}$$

$$\alpha_M=\arccos(r_b/r_M) \tag{6-4}$$

$$r_M=\sqrt{r_b^2+\overline{NM}^2} \tag{6-5}$$

$$\mu=\alpha_M-\gamma_M \tag{6-6}$$

$$\gamma_m=\frac{1}{z}(\frac{\pi}{2}+2x\tan a)+\text{inv}a-\text{inv}a_m \tag{6-7}$$

根据石川法，在外力 F_n 作用下，齿轮变形由矩形部分的弯曲变形量、梯形部分的弯曲变形量、剪切变形量、基部倾斜变形量、齿面接触变形量组成，下式所示：

$$\delta_{tot}=\delta_{br}+\delta_{bt}+\delta_s+\delta_g+\delta_p \tag{6-8}$$

其中，矩形部分的弯曲变形量为：

$$\delta_{br}=\frac{12F_n\cos^2\mu}{bEs_f^3}\left[h_M h_r(h_M-h_r)+\frac{h_M^2}{3}\right] \tag{6-9}$$

梯形部分的弯曲变形量：

$$\delta_{bt}=\frac{6F_n\cos^2\mu}{bEs_f^3}\left[\frac{h_i-h_M}{h_i-h_r}(4-\frac{h_i-h_M}{h_i-h_r})-2\ln\frac{h_i-h_M}{h_i-h_r}-3\right](h_i-h_r)^3 \tag{6-10}$$

剪切变形量：

$$\delta_s=\frac{2(1+\nu)F_n\cos^2\mu}{bES_f}\left[h_r+(h_i-h_r)\ln\frac{h_i-h_r}{h_i-h_M}\right] \tag{6-11}$$

基部倾斜产生的变形量：

$$\delta_g=\frac{24F_n h_M^2\cos^2\mu}{\pi bEs_f^2} \tag{6-12}$$

齿面接触变形量：

$$\delta_p=\frac{4F_n(1-\nu^2)}{\pi bE} \tag{6-13}$$

当 $r_b \leqslant r_{fe}$，即 $z \geqslant 2(1-x)/(1-\cos\alpha_0)$ 时：

$$s_f = 2r_{fe}\sin\left[-\frac{\pi+4x\tan\alpha_0}{2z}+\mathrm{in}\nu\alpha_0-\mathrm{in}\nu\alpha_{fe}\right] \tag{6-14a}$$

$$h_r = \sqrt{r_{fe}^2-(s_f/2)^2}-\sqrt{r_f^2-(s_f/2)^2} \tag{6-14b}$$

当 $r_b > r_{fe}$，即 $z < 2(1-x)/(1-\cos\alpha_0)$ 时：

$$s_f = 2r_b\sin\left[\frac{\pi+4x\tan\alpha_0}{2z}+\mathrm{in}\nu\alpha_0\right] \tag{6-15a}$$

$$h_r = \sqrt{r_b^2-(s_f/2)^2}-\sqrt{r_f^2-(s_f/2)^2} \tag{6-15b}$$

当齿轮啮合产生变形时，主动轮将转动微小角度。该角度对应的弧长为 δ_{tot}，而单位齿宽上的法向力为 F_n，所以，齿轮副在啮合时的刚度为：

$$k = F_n/\delta_{tot} \tag{6-16}$$

根据上述公式，计算了一对啮合齿轮的时变啮合刚度，并用 MATLAB 编写了程序，得到了如图 6-2 所示的时变啮合刚度曲线。可以看出：齿轮的啮合刚度随时间呈周期性的阶跃变化；而且，随着啮合的进行，啮合刚度随啮合线位移也呈周期性的阶跃变化，二者的变化趋势一致。

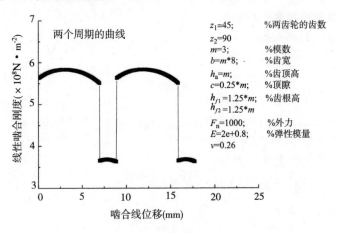

图 6-2 齿轮的啮合刚度

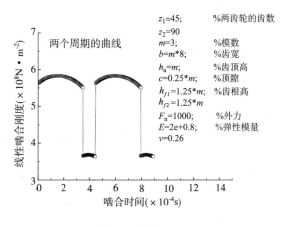

图 6-2（续）

6.1.2　齿轮传动系统的动力学

在建立齿轮系统的振动分析模型时，应根据具体应用及目的建立相应的分析模型。齿轮-转子-支撑系统模型是最一般、也是最复杂的模型，它考虑了传动轴和支撑轴承的弹性，也考虑了箱体及其他支撑系统的影响。但在研究工作中，可以根据具体情况和分析目的，采用简化后的振动模型。其中最简单的是非耦合型模型：将齿轮系统与负载和原动机分离，看成纯扭转振动模型，单独建立齿轮振动模型[134-136]。

本文采用集中质量法建立齿轮传动的动力学模型。图 6-3 为齿轮系统的振动分析模型，假定系统由只有弹性、而无惯性的弹簧和只有惯性、没有弹性的质量块组成。以啮合轮齿在啮合线上的相对位移作为广义自由度，将一对互相啮合的齿轮简化成图 6-3 所示的单自由度模型。建模时采用以下假设：

（1）齿轮系统的传动轴和轴承的刚度足够大，可以认为两齿轮中心是固定的，横向振动相对于扭转振动可以忽略不计；

（2）支承轴承摩擦可以忽略不计；

（3）啮合的两齿轮均为渐开线直齿圆柱齿轮，齿轮之间的啮合力始终作用在啮合线方向上，两齿轮可简化为由阻尼和弹簧相连接的圆柱体，阻尼系数为两齿轮啮合时的啮合阻尼，弹簧的刚度系数为啮合齿轮的啮合刚度。

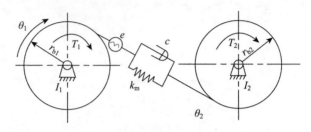

图 6-3　齿轮系统的振动分析模型

根据牛顿定理，齿轮系统的动力学模型如下式：

$$I_1 \ddot{\theta}_1 + c_m r_{b1}[r_{b1}\theta_1 - r_{b2}\theta_2 - \dot{e}(t)] + k_m r_{b1} f_m[r_{b1}\theta_1 - r_{b2}\theta_2 - e(t)] = T_1(t)$$
(6-17a)

$$I_2 \ddot{\theta}_2 - r_{b2} c_m[r_{b1}\theta_1 - r_{b2}\theta_2 - \dot{e}(t)] - k_m r_{b2} f_m[r_{b1}\theta_1 - r_{b2}\theta_2 - e(t)] = -T_2(t)$$
(6-17b)

式中：r_{b1} 和 r_{b2} 分别为主、从动齿轮的基圆半径；I_1 和 I_2 分别为主、从动齿轮的转动惯量；k_m 为齿轮副的平均啮合刚度；θ_1 和 θ_2 分别为主、从动轮的扭转角位移；c_m 为齿轮副的啮合阻尼；T_1 为主齿轮的驱动力矩，T_2 为从动齿轮受到的阻力矩。

齿轮副的啮合刚度是随时间变化的，可展开为 Fourier（傅立叶）级数：

$$k_m = k_{m0} + \sum_{j=1}^{\infty} k_j \cos(j\omega_m t + \varphi_j)$$
(6-18)

式中，k_{m0} 为平均啮合刚度。定义 z 为齿轮齿数，n 为齿轮转速，则啮合频率为

$$\omega_m = \frac{2\pi n_1 z_1}{60} = \frac{2\pi n_2 z_2}{60}$$
(6-18)

图 6-4 为齿侧间隙函数，从图中可以看出，齿侧间隙函数是

一个非线性函数，并可表达为一个对称的分段函数：

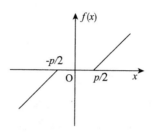

图 6-4　齿侧间隙函数

$$f_{\mathrm{m}}(x)=\begin{cases}x+p/2, & x<-p/2 \\ 0, & -p/2\leqslant x\leqslant p/2 \\ x-p/2, & x>p/2\end{cases} \qquad (6\text{-}19)$$

其中 p 为齿侧间隙。齿轮系统的润滑状态、载荷量大小以及磨损程度等因素都会影响到齿侧间隙函数的参数。

$e(t)$ 为齿轮啮合的静态传递误差，是指实际啮合位置与理论啮合位置之间的差值。理想情况，下可假设轮齿的所有啮合位置均落在理论啮合线上。传递误差也做傅立叶（Fourier）级数展开

$$e(t) = e_0 + \sum_{j=1}^{\infty} e_i\cos(j\omega_e t + \theta_i) \qquad (6\text{-}20)$$

其中 e_0 为平均静态误差。

首先将方程中的两个坐标转换为一个独立的坐标，以满足传动系统一个自由度的特点。齿轮系统在运动过程中，θ_1 和 θ_2 不断增大，轮齿的间隙变化成为随时间变换的量，由于是动态响应的，所以称之为传动误差，即在轮齿啮合的过程中，被动齿轮的理论位置与实际位置之间的误差值，也表示为齿轮啮合线上的直线位移。

定义齿轮副的传递误差为：

$$x=r_{\mathrm{b1}}\theta_1 - r_{\mathrm{b2}}\theta_2 \qquad (6\text{-}21)$$

则式（6-17）可改写为：

$$m_e \ddot{x} + c_m \left[\dot{x} - \dot{e}(t) \right] + k_m f_m \left[x - e(t) \right] = F_m \qquad (6\text{-}22)$$

这里

$$m_e = \frac{I_1 I_2}{I_1 r_{b2}^2 + I_2 r_{b1}^2} \qquad (6\text{-}23)$$

$$F_m = \frac{T_1}{r_{b1}} = \frac{T_2}{r_{b2}} \qquad (6\text{-}24)$$

分别称为整个齿轮副的等效质量和齿轮副传递载荷的平均值。

令 $s = x - e(t)$，即 s 为动态与静态传递误差之差，则运动方程(6-22)可表示为

$$m_e \ddot{s}(t) + c_m \dot{s}(t) + k_m f_m(s) = F_m - m_e \ddot{e}(t) \qquad (6\text{-}25)$$

或

$$\ddot{s}(t) + \frac{c_m}{m_e} \dot{s}(t) + \frac{k_m}{m_e} f_m(s) = \frac{F_m}{m_e} - \ddot{e}(t) \qquad (6\text{-}26)$$

这就是单自由度齿轮系统的间隙非线性动力学微分方程。F_m 是由于输入能量和负载力矩的变化而产生的外部激励，$-m_e \ddot{e}(t)$ 是由于齿轮制造安装等误差而产生的内部激励。在一般情况下，内部激励和外部激励都是时间的周期函数。

令

$$\omega_b = \sqrt{\frac{k_{m0}}{m_e}}, \quad \xi = \frac{c_m}{2\omega_b m_e} \qquad (6\text{-}27)$$

引入归一化变量：

$$\bar{s}(t) = \frac{s(t)}{b}, \quad \bar{t} = \omega_b t \qquad (6\text{-}28a)$$

$$\bar{k}_m = \frac{k_m}{k_{m0}}, \quad \bar{f}_m(\bar{s}) = \frac{f_m(s)}{b} \qquad (6\text{-}28b)$$

$$\bar{F}_m = \frac{F_m}{b k_m}, \quad \bar{e} = \frac{e}{b} \qquad (6\text{-}28c)$$

$$\bar{\omega}_m = \frac{\omega_m}{\omega_b}, \quad \bar{\omega}_{Fi} = \frac{\omega_{Fi}}{\omega_b}, \quad \bar{\omega}_e = \frac{\omega_e}{\omega_b} \qquad (6\text{-}28d)$$

则归一化振动方程为：

$$\frac{d^2 \bar{s}}{d\bar{t}^2} + 2\xi \frac{d\bar{s}}{d\bar{t}} + \bar{k}_m \bar{f}_m(s) = \bar{F}_m - \frac{d^2 \bar{e}}{d\bar{t}^2} \qquad (6\text{-}29)$$

式中无量纲化的间隙函数、啮合刚度、外部激励和传递误差的表达式分别为

$$f_{\mathrm{m}}(\bar{s}) = \begin{cases} \bar{s}+\bar{p}, & \bar{s}<-\bar{p} \\ 0, & -\bar{p}\leqslant\bar{s}\leqslant\bar{p}, \ \bar{p}=p/(2b) \\ \bar{s}-\bar{p}, & \bar{s}>\bar{p} \end{cases} \tag{6-30}$$

$$\bar{k}_{\mathrm{m}} = 1 + \sum_{j=1}^{\infty} \bar{k}_j \cos(j\bar{\omega}_{\mathrm{m}}\bar{t} + \varphi_j) \tag{6-31}$$

$$\bar{F}_{\mathrm{m}}(\bar{t}) = \bar{F}_{\mathrm{m0}} + \sum_{i=1}^{\infty} \bar{F}_{\mathrm{m}i} \cos(\bar{\omega}_{\mathrm{F}i}\bar{t} + \theta_{\mathrm{T}}) \tag{6-32}$$

$$\bar{e}(\bar{t}) = \bar{e}_0 + \sum_{i=1}^{\infty} \bar{e}_i \cos(\bar{\omega}_{\mathrm{e}i}\bar{t} + \theta_i) \tag{6-33}$$

$$\ddot{\bar{e}}(\bar{t}) = -\sum_{i=1}^{\infty} \bar{e}_i \bar{\omega}_{\mathrm{e}i}^2 \cos(\bar{\omega}_{\mathrm{e}i}\bar{t} + \theta_i) \tag{6-34}$$

为方便起见，在下面部分略去各归一化变量上的"—"号，并进一步把二阶微分方程简化为一阶微分方程组：

$$\begin{cases} \dot{s}(t) = u(t) \\ \dot{u}(t) = -2\xi u(t) - k_{\mathrm{m}} f_{\mathrm{m}}(s) + F_{\mathrm{m}} - \ddot{e} \end{cases} \tag{6-35}$$

其初始条件可设为

$$\begin{cases} s(0) = 0 \\ u(0) = 0 \end{cases} \tag{6-36}$$

阻尼比（ζ）一般在区间 $0.03 \sim 0.17$ 内，在此不妨选取 $\xi = 0.10$。进一步，做如下简化和级数展开：

（1）仅仅考虑外部激励和传递误差的基频，即

$$F_{\mathrm{m}}(t) = F_{\mathrm{m0}} + F_{\mathrm{m1}} \cos(\omega_{\mathrm{F1}}t + \theta_{\mathrm{F1}}) \tag{6-37}$$

$$\ddot{e}(t) = -e_1 \omega_{\mathrm{e1}}^2 \cos(\omega_{\mathrm{e1}}t + \theta_{\mathrm{e1}}) \tag{6-38}$$

（2）如图 6-5 所示，无量纲的间隙函数（分段函数）用多项式级数表示。

当 $p=0$ 时，

$$f(s) = s \tag{6-39a}$$

当 $p=0.2b$ 时，

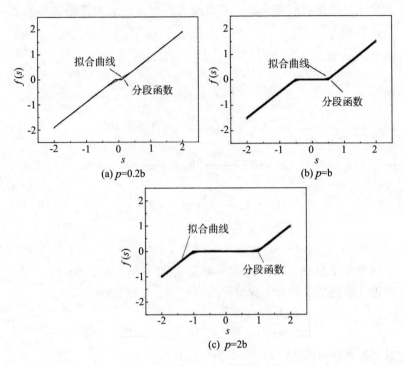

(a) $p=0.2b$

(b) $p=b$

(c) $p=2b$

图 6-5　分段函数及拟合曲线

$$f_{\mathrm{m}}(s)=\begin{cases} s+0.1, & s<-0.1 \\ 0, & -0.1\leqslant s\leqslant 0.1 \\ s-0.1, & s>0.1 \end{cases} \quad (6\text{-}39\mathrm{b})$$

$$f(s)=-0.73413s+0.2406s^3-0.09306s^5+0.01179s^7$$

$$(6\text{-}39\mathrm{c})$$

当 $p=b$ 时，

$$f_{\mathrm{m}}(s)=\begin{cases} s+0.5, & s<-0.5 \\ 0, & -0.5\leqslant s\leqslant 0.5 \\ s-0.5, & s>0.5 \end{cases} \quad (6\text{-}39\mathrm{d})$$

$$f(s) = -0.04751s + 0.75203s^3 - 0.25991s^5 + 0.03082s^7$$

$$(6\text{-}39e)$$

当 $p = 2b$ 时，

$$f_{\mathrm{m}}(s) = \begin{cases} s+1, & s < -1 \\ 0, & -1 \leqslant s \leqslant 1 \\ s-1, & s > -1 \end{cases} \qquad (6\text{-}39f)$$

$$f(s) = -0.06304s + 0.07067s^3 + 0.07972s^5 - 0.01596s^7$$

$$(6\text{-}39g)$$

（3）在上一节，得到随时间变化的啮合刚度，如图 6-6 所示，它的常量部分为

$$k_{\mathrm{m0}} = 5.30552 \qquad (6\text{-}40)$$

而无量纲的时变部分可展开为傅立叶（Fourier）级数

$$k_{\mathrm{m}} = 1 + \sum_{j=1}^{15} \left[A_j \cos(j\omega_{\mathrm{m}}t) + B_j \cos(j\omega_{\mathrm{m}}t) \right] \qquad (6\text{-}41)$$

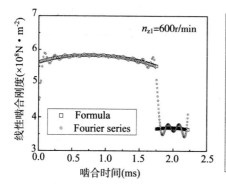

1	0
-0.1321	0.10194
-0.03884	0.10772
0.01562	0.06692
0.01734	0.01802
-0.01035	9.49286E-4
-0.02634	0.01585
-0.01521	0.03129
0.00322	0.02492
0.00472	0.00638
-0.00947	-8.52231E-4
-0.01849	0.00897
-0.01114	0.01909
8.77382E-4	0.01469
9.3054E-4	0.00209
-0.00992	-0.00182

图 6-6　齿轮的啮合刚度

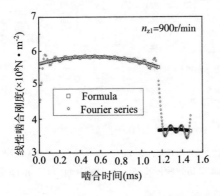

1	0
-0.1321	0.10194
-0.03684	0.10772
0.01562	0.06692
0.01734	0.01802
-0.01035	9.49286E-4
-0.02634	0.01585
-0.01521	0.03129
0.00322	0.02492
0.00472	0.00638
-0.00947	-8.52231E-4
-0.01849	0.00897
-0.01114	0.01909
8.77382E-4	0.01469
9.3054E-4	0.00209
-0.00992	-0.00182

图 6-6（续）

6.2 轮齿振动的光纤光栅传感实验

为了监测齿轮传动系统中轮齿的运行状态，搭建了如图 6-7 所示的硬件系统，其中(a)和(b)分别为齿轮动态测量系统的示意图和实物图。

动力系统由步进电机提供，由变频器进行控制，通过变频器调节电机的输出转速；电机通过联轴器与扭矩/转速传感器相连，扭矩/转速传感器可以实时检测电机输出的扭矩和转速，并通过扭矩/转速测量仪进行扭矩和转速的实时显示；转速扭矩传感器的输出端通过联轴器与主轴 1 相连，主轴 1 与主轴 2 之间通过齿轮的啮合进行动力的传动；主轴 2 的一端通过联轴器与磁粉制动器相连，磁粉制动器充当负载，利用张力控制器进行控制，通过调节输入电流大小，可以改变齿轮传递的扭矩，相应的弯曲应力和挠度也会发生改变；主轴 2 的另一端预留有中心孔，光缆通过中心孔至轴端与光纤旋转无线连接器相连，由于转轴在快速旋转，因此光纤光栅信号的传输成为了至关重要的问题。采用了体积最小、重量最轻的 MJX 微型光纤旋转无线连接器，实现了光信号的无线对接和传输，之后通过解调仪进行解调处理，解调后的数据传输至 PC 端进行显示和处理。为减少由电机转动带来振动和安装实验误差，整个硬件系统固定于铸铁实验平台之上。实验所用的轴、轴承、轴承座、齿轮等均为定做，其中齿轮的材料为铝。

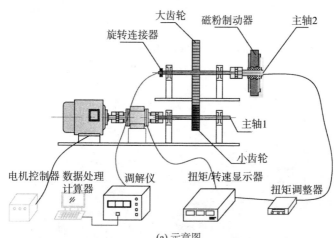

(a) 示意图

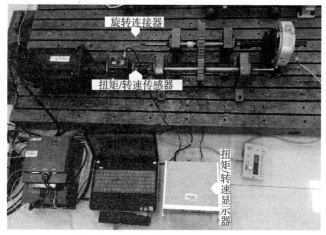

(b) 实物图

图 6-7　齿轮动态测量系统的示意图和实物图

由于知道齿轮在受到扭矩时轮齿会发生变形，所以选择了四个不同初始波长的 FBG 光栅，并在齿轮上任意选择两个相邻的轮齿，将四个光栅分别粘贴在轮齿的侧面外沿位置，在粘贴光栅时，由于要预拉伸，特意制作了符合角度的拉伸器材，并使用 AB 胶进行光栅的固定，如图 6-8 所示。图 6-9 为齿轮相邻双齿四光栅粘贴示意图。在无负载状态下，光栅反射峰的中心波长分别为 $\lambda_1 = 1533.540\text{nm}$，$\lambda_2 = 1539.283\text{nm}$，$\lambda_3 = 1544.856\text{nm}$，$\lambda_4 = 1551.114\text{nm}$，光栅的初始反射光谱如图 6-10 所示。

图 6-8　齿轮相邻双齿四光栅安装的实物图

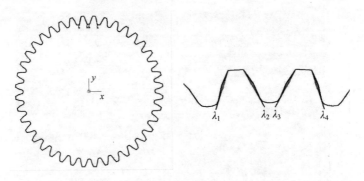

图 6-9　齿轮相邻双齿四光栅粘贴的示意图

为了解齿轮在旋转过程中，扭矩和转速对轮齿形变与振动的影响，完成了一系列低转速条件下的监测实验。在实验中，通过电机变频器可以调节电机转速，通过改变磁粉制动器的输入电流可以调节扭矩。共进行了三组实验，转速分别固定为 60r/min、

90r/min 和 120r/min，然后监测不同扭矩下的 FBG 峰值波长随时间的变化。图 6-11 给出了 120r/min 转速下，负载扭矩分别为 0、10N•m、20N•m 和 30N•m 时四个特征波长 λ_1、λ_2、λ_3 和 λ_4 的时域信号。

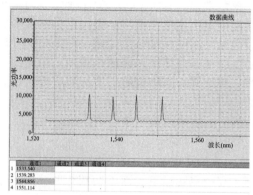

图 6-10　四个 FBG 的初始光谱图

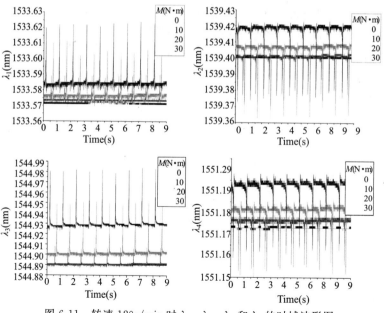

图 6-11　转速 120r/min 时 λ_1、λ_2、λ_3 和 λ_4 的时域波形图

（一）特征波长的噪声大约为±10pm，这可能是因为光栅有一定的啁啾和反射信号功率较弱造成的，可进行去噪处理。

（二）在各种转速下，不同扭矩时，四个 FBG 的特征波长存在不同的整体波长漂移，而且扭矩越大，四个 FBG 的整体波长漂移越大。我们认为，这种现象的原因，在于齿轮啮合时导致的温度上升。因为光栅靠近齿轮的啮合面，在齿轮啮合的时候会有热量产生，温度的升高会导致光栅波长增加；而且随着扭矩的增加，温升更高，导致波长漂移也随之增加。此外，还有两个特征支持这个说法：一是每次接触脱离后，波长漂移缓慢下降；二是整体波长漂移随时间缓慢增加，来源于轮齿温度逐渐升高。

（三）负载扭矩的影响。

图 6-12 给出了粘贴在轮齿上的光栅及其峰值波长漂移与负载力矩的关系图。在一定转速下、而不同扭矩时，除了整体波长漂移外，$1^{\#}$ FBG 和 $3^{\#}$ FBG 的特征波长 λ_1 和 λ_3 随时间存在周期性的上升峰，而且扭矩越大，上升峰的峰值波长越大。而 $2^{\#}$ FBG 和 $4^{\#}$ FBG 的特征波长 λ_2 和 λ_4 随时间存在周期性的下降峰，而且扭矩越大，下降峰的峰值波长越大。这说明粘贴有 $1^{\#}$ FBG 和 $3^{\#}$ FBG 的轮齿边缘在主动轮齿的作用下处伸长状态，其平均应变 $\varepsilon_1 > 0$，因而波长漂移 $\Delta\lambda_1 = \lambda_1 (1 - p_e)\varepsilon_1 > 0$；而粘贴有 $2^{\#}$ FBG 和 $4^{\#}$ FBG 的轮齿边缘，在主动轮齿的作用下处压缩状态，所以其平均应变 $\varepsilon_2 < 0$，波长漂移 $\Delta\lambda_2 = \lambda_2 (1 - p_e)\varepsilon_2 < 0$。

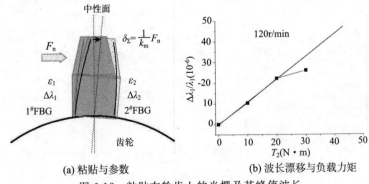

(a) 粘贴与参数　　　　　(b) 波长漂移与负载力矩

图 6-12　粘贴在轮齿上的光栅及其峰值波长

负载力矩 T_2 由磁粉制动器提供，利用张力控制器进行控制，通过调节输入电流大小，可以改变齿轮传递的扭矩。可以看出，在 $0\sim20\mathrm{N}\cdot\mathrm{m}$ 区间，波长漂移与负载力矩存在较好的线性关系。但实验发现，标称力矩为 $50\mathrm{N}\cdot\mathrm{m}$ 的磁粉制动器实际提供的最大力矩还不到 $30\mathrm{N}\cdot\mathrm{m}$，所以图中最后一点的 T_2 有较大误差。此外，还注意到，虽然整个时间过程中，高速解调仪的取样率高到 $4000\mathrm{Hz}$（取样间隔 $0.000\,25\mathrm{s}$），但对于轮齿啮合过程来说，该取样率又偏低，以至于真正的峰值波长没有被检测到，导致实验的峰值波长出现误差。

在负载力矩（也就是从动齿轮受到的阻力矩）T_2 作用下，齿轮副载荷平均值为

$$F_{\mathrm{m}}=\frac{T_2}{r_2} \tag{6-42}$$

而单位齿宽上的法向力 $F_{\mathrm{n}}\approx F_{\mathrm{m}}$，采用齿轮副在啮合时的刚度 k，对应的变形弧长可表达为：

$$\delta_{\Sigma}=\frac{1}{k}F_{\mathrm{n}} \tag{6-43}$$

（四）转速的影响。

为了解转速的影响，不妨固定负载扭矩为 $20\mathrm{N}\cdot\mathrm{m}$，图 6-13 给出了不同转速下两个特征波长 λ_1 和 λ_2 的时域信号，图 6-14 则给出了负载扭矩为 $20\mathrm{N}\cdot\mathrm{m}$ 时不同转速下特征波长 λ_1 对应的频域信号。对于 $n_1=120\mathrm{r/min}$，$n_2=60\mathrm{r/min}$（$z_1=20$，$z_2=40$），啮合频率为

$$f_{\mathrm{m}}=\frac{n_1 z_1}{60}=\frac{n_2 z_2}{60}=40\ \mathrm{Hz} \tag{6-18}$$

考虑到从动齿轮有 $z_2=40$ 个轮齿，则从动齿轮上某一个轮齿的啮合频率为 $1\mathrm{Hz}$。而对于 $n_1=90\mathrm{r/min}$ 和 $60\mathrm{r/min}$ 的情形，啮合频率分别为 $30\mathrm{Hz}$ 和 $20\mathrm{Hz}$，从动齿轮上某一个轮齿的啮合频率为 $0.75\mathrm{Hz}$ 和 $0.5\mathrm{Hz}$。

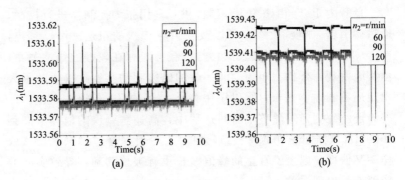

图 6-13 不同转速下粘贴在轮齿上的一对光栅的峰值波长

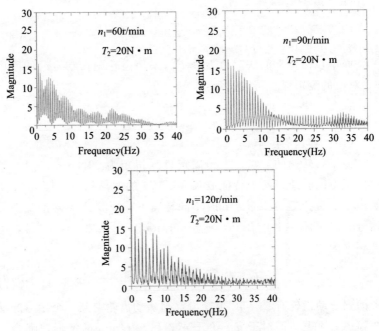

图 6-14 轮齿的啮合频谱图

从图 6-14 显示的频域信号可以看出，倍频信号都很强。其主要原因可能是齿轮制作方法（线切割法）不同于真正的齿轮制作工艺，导致本实验的轮齿表面粗糙，可以认为是普通轮齿经过了磨损。而当齿面磨损后，会引起轮齿的啮合状况变坏，啮合频率的谐波成分幅值会明显增大。如果是一种均匀性磨损，啮合频率及其各次谐波幅值均会变化，啮合频率的高次谐波增长得比基波还快；如果磨损更为厉害时，二次谐波幅值可能超过啮合基波。可以通过频谱来预测啮合基频及其谐波幅值的相对增长量，从而反映出齿轮表面的磨损程度。

考虑到从动齿轮有 $z_2 = 40$ 个轮齿，则从动齿轮上某一个轮齿的啮合频率为 1Hz，而监测到某一个轮齿的啮合时间大约为 0.05s，轮齿的啮合过程如图 6-15 所示。

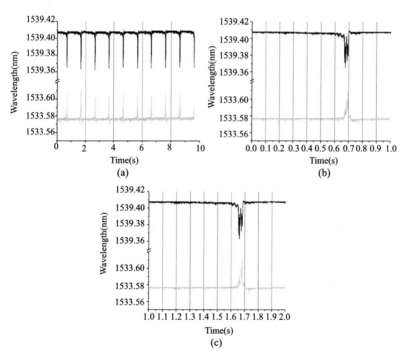

图 6-15　轮齿的啮合时间

6.3　本章小结

　　本章首先选用石川法讨论了齿轮轮齿的变形，计算了一对啮合齿轮的时变啮合刚度，并用 MATLAB 编写了程序，得到了时变啮合刚度曲线，从图上可以看出，齿轮的啮合刚度随时间呈周期性的阶跃变化；而且，随着啮合的进行，啮合刚度随啮合线位移也呈周期性的阶跃变化，二者的变化趋势一致。

　　其次根据研究的目的，将齿轮系统中的负载和原动机去除，简化振动模型，采用集中质量法建立了齿轮传动的动力学模型，并推导出了相应公式，计算了啮合的刚度曲线方程，与采用石川法计算的时变啮合刚度曲线一致。

　　最后本章对齿轮轮齿的光纤光栅传感监测系统进行了实验研究。将 4 个不同波长的光栅粘贴在相邻轮齿的侧面，采用耦合方式输出到高速解调仪，以 4kHz 的采样频率进行测量。实验数据表明，在不同的转速下，四个 FBG 的特征波长存在不同的整体波长漂移，随着扭矩越大，四个 FBG 的整体波长漂移越大，而且在 0～20N·m 区间，波长漂移与负载力矩存在较好的线性关系。固定扭矩，从轮齿在不同转速下的啮合频谱图可以看到，倍频信号较强，通过分析得知是加工所致，可以通过频谱来预测啮合基频及其谐波幅值的相对增长量，从而反映出齿轮表面的磨损程度。

第 7 章　总结与展望

7.1　课题总结与创新点

　　机械振动是自然界和人类生产实践活动中普遍存在的现象。为了预防过度振动带来的危害并达到对运转机械的自动控制，我国国民经济各领域都对机械振动的在线动态监控存在着迫切需要。光纤光栅加速度传感器具有抗电磁干扰、耐腐蚀、精度高、动态范围大、工作频带宽和质量轻等优点，因而近十年来，光纤光栅加速度传感器倍受关注。然而到目前为止，在光纤光栅加速度传感的理论与技术、设计与制作等方面，仍然存在一些需要深入研究的问题。比如说，传统的光纤光栅加速度传感系统由机械振子(可以没有)、FBG 探头、分路器、宽带光源以及高速解调仪组成。该传感系统因需要高速解调仪，成本较高，所以微小工程难以采用。为避免高成本问题，本课题提出并探讨了一种基于双光栅反射光强测量、利用光电转换及信号放大电路的新方案。

　　课题总结及创新点如下：

7.1.1　课题总结

（1）非均匀温变或应变对 FBG 光谱的影响

　　到目前为止，人们对温度和应变对光栅光谱影响的讨论都基于一个假定，即光栅处各点温度和应变是相同的，但事实并不尽然。本章通过对 FBG 耦合方程的数值模拟，得到了非均匀温变或应变对 FBG 光谱的影响。对于线性温变或应变，FBG 的反射谱是关于中心波长对称的，中心波长漂移与光栅中点的应变和温度一一对应，而峰值强度与光栅受到的应变梯度或温度梯度有关。当光纤光栅受到二次温变或应变时，其反射谱关于中心波长是不对称的，二次温变或应变系数的正负和大小直接影响反射谱左右旁瓣的强弱。

（2）动态应变和温变对 FBG 反射谱的影响

通过对经受动态非均匀应变和温变的 FBG 进行数值模拟，探讨了动态线性应变和温变对 FBG 反射谱的影响。模拟结果表明，当粘贴在被测物体上的光纤光栅经历随时间变化的应变和温变时，其反射谱、波长漂移和峰值强度依赖于同时刻的应变和温变。

（3）超结构光纤光栅（SFG）的光谱

采用相似变换解法，研究了应变梯度和温度梯度以及三个耦合系数 $\kappa_{co}L$、$\kappa_{S}L$ 和 $\kappa_{cl}L$ 对 SFG 的反射谱和透射谱的影响。通过分析，结果表明 SFG 在应变梯度的作用下，其反射谱和包层模的透射谱按确定规则独立漂移，据此可以求出光栅所在位置的应变梯度。SFG 在温度梯度的作用下，其反射谱和包层模的透射谱按确定规则独立漂移，据此可以求出光栅所在位置的温度梯度。通过对耦合系数的研究，SFG 透射谱 $|A^{co}(z_f)|^2$ 的整体强度为长周期光纤光栅所控制。随 $\kappa_{S}L$ 的增加，$|A^{co}(z_f)|^2$ 的整体强度减少，$|A^{cl}(z_f)|^2$ 的整体强度增大，意味着更多的透射光能量由光纤纤芯泄漏到包层。耦合系数 $\kappa_{co}L$ 和 $\kappa_{S}L$ 共同决定 $|A^{co}(z_f)|^2$ 主瓣的极小值和反射谱 $|B^{co}(z_0)|^2$ 主瓣的极大值。$\kappa_{co}L$ 对 SFG 的影响仅体现在主瓣的强度，而透射谱的整体强度和侧瓣的强度不变。

（4）双光纤光栅反射光强与波长差的关系

通过模拟计算，得到了两个普通 FBG 的反射谱的主瓣面积对反射谱中心波长的依赖关系，发现在一定的范围内反射谱主瓣面积与反射谱中心波长差成良好线性关系（斜率为 0.85/nm），并据此提出了匹配光纤光栅中心波长差的工作区间为 $[-\Delta\lambda_{Bc}/2, \Delta\lambda_{Bc}/2]$，这里 $\Delta\lambda_{Bc}=0.30$nm，在该区间内反射光强与中心波长差成线性关系。由于普通双 FBG 波长差的工作区间较小

（0.30nm），进一步提出了用啁啾光栅替代普通光栅的方案。采用带宽（FWHM）为 5nm、初始中心波长差为 FWHM/2 的两个啁啾光栅，其中心波长差的工作区间提高到 $[-1.5\text{nm}, 1.5\text{nm}]$，为普通匹配 FBG 的 10 倍以上。

（5）双光纤光栅监测系统电压信号与振动加速度的关系

为了测量并记录反射光强，设计并制作了光电转换与信号放大电路，输出的电压信号可连接到电脑或示波器上。给出了经过光电转换与放大电路后的电压信号与振动加速度的定量关系。搭建的振动监测系统的实验表明，输出的电压信号的幅值与加速度的幅值呈良好的线性关系，理论描述与实验结果一致。一些列的实验表明，搭建的振动监测系统非常适合于振动幅值在 0.1g～2g 和振动频率在 1kHz 范围内的振动监测。还从理论和实验两方面研究了传感器放置的倾角对电压信号的影响。电压信号的幅值与传感器倾斜角度的余弦函数成线性关系，且实验数据与理论公式一致。当角度小于 15°时，电压幅值的变化不到传感器水平放置时电压幅值的 5%。

首先给出了双光栅监测扭矩和扭转角的理论基础。把两个光栅分别相对于轴线方向 $\pi/4$ 和 $-\pi/4$ 的角度安装在一个圆柱形的轴表面。当转轴受到扭矩作用时，两个光栅将经历幅度相同但方向相反的主应变，而光栅中心波长差与扭矩和扭转角成正比。利用光电转换和放大电路，把双啁啾光栅的反射光转化为电压信号输出。通过假定输出电压与双啁啾光栅的反射光强成正比、双啁啾光栅的反射光强与其主瓣下面积成正比，本章给出了电压信号与扭矩和扭转角的依赖关系。

论文还对转轴扭矩的双光栅测量方案进行了实验研究。采用高速解调电压直流成分仪，以 1kHz 的采样频率测量出一系列时刻两个光栅的中心波长差。实验数据表明，在转轴与轴承之间存在一个摩擦力矩，它导致两个光栅的中心波长差 $\Delta\lambda_{\text{DC}}(0)$，而不同扭矩下的 $\Delta\lambda_{\text{DC}}(M) - \Delta\lambda_{\text{DC}}(0)$ 值与负载施加的扭矩 M 呈良好的线性关系。还可以看出，中心波长差会随时间周期性振动，其基频 f_0 与转速呈良好的线性关系。而基于双啁啾光栅强度检测方法的实验表明，测得的电压信号与理论预测的变化规律一致。

（6）齿轮轮齿光纤光栅监测系统的扭矩与啮合刚度的关系

首先选用石川法讨论了齿轮轮齿的变形，计算了一对啮合齿轮的时变啮合刚度的程序，得到了时变啮合刚度曲线，齿轮的啮合刚度随时间呈周期性的阶跃变化；而且，随着啮合的进行，啮合刚度随啮合线位移也呈周期性的阶跃变化，二者的变化趋势一致。然后简化振动模型，采用集中质量法建立了齿轮传动的动力学模型，并推导出了相应公式，计算了啮合的刚度曲线方程，与采用石川法计算的时变啮合刚度曲线一致。

为了验证轮齿的变形，进行了轮齿的光纤光栅传感监测系统的实验研究。将 4 个不同波长的光栅粘贴在相邻轮齿的侧面，以 4kHz 的采样频率用解调仪进行测量。实验数据表明，在不同的转速下，四个 FBG 的特征波长存在不同的整体波长漂移，随着扭矩越大，四个 FBG 的整体波长漂移越大，而且在 $0 \sim 20\mathrm{N \cdot m}$ 区间，波长漂移与负载力矩存在较好的线性关系。固定扭矩，从轮齿在不同转速下的啮合频谱图可以看到，倍频信号较强，通过分析得知是加工所致，可以通过频谱来预测啮合基频及其谐波幅值的相对增长量，从而反映出齿轮表面的磨损程度。

7.1.2 课题创新点

（1）建立了双光纤光栅线振动传感的基于悬臂振子、数值模拟、光电转换假设和强度测量方法的理论表达。通过模拟计算得到了两个普通 FBG 的反射谱的主瓣面积对反射谱中心波长的依赖关系，发现在一定范围内反射谱主瓣面积与反射谱中心波长差成良好线性关系，据此提出了匹配光纤光栅中心波长差的工作区间为 $[-\Delta\lambda_{Bc}/2, \Delta\lambda_{Bc}/2]$，这里 $\Delta\lambda_{Bc}=0.30\mathrm{nm}$。理论公式与监测实验数据一致表明，输出电压信号的幅值与加速度的幅值呈良好的线性关系。此外，电压信号的幅值与传感器倾斜角度的余弦函数成线性关系，当角度小于 $15°$ 时，电压幅值变化不到传感器水平放置时电压幅值变化的 5%。

（2）利用双光纤光栅的优势，将双光纤光栅安装在转轴表面，从理论上建立了双光栅中心波长差与转轴的扭矩和扭转角的定量关系。理论与实验结果相比较并一致表明，双光栅中心波长差随时间的振动曲线可以分解为"直流"分量与"交变"分量之和，双光栅中心波长差的"直流"分量与负载扭矩成良好线性关系，双光栅中心波长差的"交变"分量揭示了转轴扭转角振动的存在。

建立了双啁啾光栅监测转轴扭矩和扭转角的基于数值模拟、光电转换假设和强度测量方法的理论表达，给出了输出电压信号与转轴扭矩和扭转角的定量关系。将双啁啾光栅安装在转轴表面，监测实验表明，输出电压信号可以分解为"直流"分量与"交变"分量之和，电压信号的"直流"分量反应了负载扭矩和对应的扭转角，电压信号的"交变"分量反应了扭转角的振动。

（3）利用双光纤光栅的优势，将双光纤光栅粘贴在轮齿两边缘，通过波长解调方法对齿轮轮齿两边缘的拉伸和压缩变形及其轮齿角振动进行了在线监测实验，并得到如下结果：①在不同的转速下，双 FBG 的特征波长存在不同的整体波长漂移，显示了齿轮啮合时的温度升高现象。②随着扭矩越大，各 FBG 的振动峰值波长漂移越大，且在 $0 \sim 20 \mathrm{N \cdot m}$ 区间波长漂移与负载力矩存在较好的线性关系，显示了齿轮啮合时轮齿两边缘的拉伸和压缩变形与负载力矩的依赖关系。③监测得到的峰值波长出现的基准频率与啮合频率一致，轮齿在不同转速下的啮合频谱图显示倍频信号较强，表明本次实验采用的齿轮表面粗糙。

7.2　研究展望

关于机械振动以及声波振动的光纤传感技术，本课题探讨了非均匀动态温变或应变对光纤光栅的影响、超结构光纤光栅以及线振动和角振动的双光纤光栅光强监测方法，得到了具有新意的研究结果。但是，还有一些需要改进和发展的地方，作者将在今后的学习和工作过程中不断加以完善：

（1）把两个普通 FBG 分别相对于轴线方向 $\pi/4$ 和 $-\pi/4$ 的角度安装在圆柱形轴表面，并用高速解调仪监测光栅中心波长差，从而获得转轴的扭矩和扭转角的方法，仍不失为一个准确的转轴状态监测方法。因为这种方案中，波长差的漂移不受光强信号扰动的影响。而这种方案的技术瓶颈，就在于要创新波长高速解调技术，以降低高速解调仪的成本。

（2）把两个初始参数匹配的 CFBG，分别相对于轴线方向 $\pi/4$ 和 $-\pi/4$ 的角度安装在圆柱形轴表面，并用自制的光电转换及放大电路，监测代表光强大小的电压信号。这种方案具有低成本优势，但因转轴振动会带来光强扰动，所以在实际操作中，要加装补偿光路和电路，设计和制备性能更好的无线光路连接器。

（3）已实现了低转速条件下相邻齿轮的形变和振动监测，而要实现高转速、高扭矩条件下齿轮的形变和振动监测，也须设计和加装性能更好的无线光连接器；在啮合齿轮上，也可加装光纤光栅，以实现对轮齿误差函数的监测。

参考文献

[1] Bajic B. Multidimensional Diagnostics of Turbine Cavitation[J]. Journal of Fluids Engineering, 2002, 124(4): 943-950.

[2] 郭永兴, 张东生, 周祖德. 光纤布拉格光栅加速度传感器研究进展[J]. 激光与光电子学进展, 2013(6): 1-8.

[3] 王宇. 光纤光栅振动传感关键技术研究[D]. 北京: 华北电力大学, 2014.

[4] 王亚男. 两化融合视角下的中国制造业竞争力研究[D]. 北京: 北京邮电大学, 2011.

[5] Chuntong Liu, Zhengyi Zhang. Research on one-piece structure target flow sensing technology based on fiber Bragg grating[J]. Photonic Sensors, 2016, 6(4): 303-311.

[6] Branko Glisic, Daniele Inaudi. Fibre optic methods for structural health monitoring[M]. Chichester, West Sussex, England: John Wiley & Sons, c2007.

[7] 黄建辉, 赵洋. 光纤布拉格光栅传感器实现应力测量的最新进展[J]. 光电子激光, 2000, 11(2): 217-220.

[8] Fang Zujie. Fundamentals of optical fiber sensors[M]. Hoboken, N. J: Wiley, c2012.

[9] Yao Guozhen, Li Yongqian, Yang Zhi. A novel fiber Bragg grating acceleration sensor for measurement of vibration[J]. International Journal for Light and Electron Optics, 2016, 127(20): 8874-8882.

[10] Sun L Q, Dong B, Wang Y X, et al. Temperature-insensitive fibre-optic acceleration sensor based on intensity-refer-

enced fibre Bragg gratings[J]. Chinese Physics Letters，2008，25
(10)：3593-3596.

[11] Guo Ze-rong，Wu Ri-heng，Li Shi-yi. Real-time meas-
urement of high rotational projectile axial acceleration based on 2-
axis acceleration sensor[J]. Journal of Beijing Institute of Tech-
nology，2011，20(4)：451-455.

[12] Kersey A D，Davis M A，Patrick H J，et al. Fiber
Grating Sensors[J]. J Lightwave Technol，1997，15(8)：1442-
1463.

[13] Todd M D，Johnson G A，Althouse B A，et al. Flexur-
al beam-based fiber Bragg grating accelerometers[J]. IEEE Pho-
tonics Technology Letters，1998，10(11)：1605-1607.

[14] Liu Y，Zhao Y L，Lu S. An improved structural design
for accelerometers based on cantilever beam-mass structure[J].
Sensor Review，2012，32(3)：222-229.

[15] Spammer S J，Fuhr P L. Temperature insensitive fiber
optic accelerometer using a chirped Bragg grating[J]. Optical En-
gineering，2000，39(8)：2177-2181.

[16] Minardo A，Coscetta A，Pirozzi S，et al. Brillouin Opti-
cal Time Domain Analysis Sensor for Active Vibration Control of
a Cantilever Beam[J]. Journal of Sensors，2016，(2)：1-6.

[17] Zhi-cheng Qiu，Hong-xin Wub，Chun-de Yea. Acceleration
sensors based modal identification and active vibration control of flexible
smart cantilever plate[J]. Aerospace Science and Technology，2009，13
(6)：277-290.

[18] Zhang Hunrun，Fu Jinxin，Lu Quan. The Sensor Tech-
nology Summa[M]. Beijing：Beihang University Press，2007：
216-218.

[19] 陈超，赵建林，李继锋. 基于变截面梁的光纤光栅线性

无啁啾调谐[J]. 光子学报，2006，35(6)：867-872.

[20] 刘波，牛文成，杨亦飞，等. 新型光纤光栅加速度传感器的设计与实现[J]. 仪器仪表学报，2006，27(1)：42-44.

[21] 李明，吴海峰，乔学光. 一种新颖的高灵敏度光纤光栅压力传感器[J]. 光电子激光，2009(10)：410-412.

[22] 王广龙，冯丽爽，刘惠兰，等. 基于 FBG 的新型研究[J]. 传感技术学报，2008，21(3)：450-453.

[23] 叶婷，梁大开，曾捷，等. 基于弓形梁增敏结构的 FBG 振动传感器研究[J]. 仪器仪表学报，2012，33(1)：139-145.

[24] Basumallick N，Chatterjee I，Biswas P，et al. Fiber Bragg grating accelerometer with enhanced sensitivity[J]. Sensors & Actuators A Physical，2012，173(1)：108-115.

[25] Li Teng，Li Shuang-feng，Heng Lin，et al. A new fiber Bragg gatingaccelerometer[C]. Beijing：Proceedings of SPIE-The International Society for Optical Engineering 6357，2006，

[26] 张文涛，刘育梁，李芳. 一种改进的膜片式 FBG 压力传感器的研究[J]. 光电子激光，2008，19(1)：43-45.

[27] Zeng Nan，Shi Chunzheng，Zhang Min，et al. A 3-componet fiber optic accelerometer for well logging[J]. J Optoelectronics Laser，2005，16(8)：901-905.

[28] Morikawa S R K，Ribcico A S，Rcgazzi RD，et al. Tri-axial Bragg grating accelerometer[C]. Optical Fiber Sensors Conference Technical Digest，2002，1：95-98.

[29] Abushagur O M，Abushagur M A G，Narayanan K. Novel three-axes fiber Bragg grating accelerometer[C]. San Diego：Proceedings of SPIE-Optomechanics 5877，2005.

[30] Fender A，Macpherson W N，Maier R，et al. Two-Axis Temperature-Insensitive Accelerometer Based on Multicore Fiber Bragg Gratings[J]. Sensors Journal IEEE，2008，8(7)：1292-

1298.

[31] 刘波，刘舒杨，孙华，等．光纤光栅三维加速度振动传感器．中国，101210937［P］，2008-07-02.

[32] 蒋奇，蒋罕，隋青美，等．三分量光纤光栅振动传感器．中国，201043915［P］，2008-04-02.

[33] Guo Yongxing, Zhang Dongsheng, Li Jieyan, et al. Two dimensional fiber Bragg grating accelerometer[J]. Chinese Journal of Lasers，2012，39(12)：1214001.

[34] 王金玉．基于柔性铰链的光纤光栅三维加速度传感器．中国，105116168[P]，2015-12-02.

[35] Abushagur O M, Abushagur M A G, Narayanan K. Novel three-axes fiber Bragg grating accelerometer[J]. Opto-mechanics，2005(5877)：1-4.

[36] 吴晶，吴晗平，黄俊斌，等．光纤光栅传感信号解调技术研究进展[J]．中国光学，2014，7(4)：519-531.

[37] 张东生，郭丹，罗裴，等．基于匹配滤波解调的光纤光栅振动传感器研究[J]．传感技术学报，2007，20(2)：311-313.

[38] 徐刚．基于光纤传感的机械设备动态监测关键技术研究与应用[D]．武汉：武汉理工大学，2013.

[39] Belli P, Bittanti S, Marco A. On the origin of torsional vibrations in hot rolling mills and a possible remedy[J]. Journal of dynamic systems measurement and control，2004，126(4)：811-823.

[40] Sackfield A, Barber J R, Hills D A, et al. A shrink-fit shaft subject to torsion[J]. European Journal of Mechanics-A/Solids，2002，21(1)：73-84.

[41] 王岩，储江伟．扭矩测量方法现状及发展趋势[J]．林业机械与木工设备，2010，38(11)：14-18.

[42] 樊星．基于光纤光栅的扭矩传感系统的研究[D]．天津：

天津大学，2014.

[43] Silva W L，Lima A M N，Oliveira A. A Method for Measuring Torque of Squirrel-Cage Induction Motors Without Any Mechanical Sensor[J]. IEEE Transactions on Instrumentation & Measurement，2015，64(5)：1223-1231.

[44] Liu X，Liang D，Du J，et al. A torque measuring method based on encoder for permanent magnet synchronous machine [C]. International Conference on Electrical Machines and Systems，2015：1510-1514.

[45] Zhu Z Q. A simple method for measuring cogging torque in permanent magnet machine[C]. IEEE Power and Energy Society General Meeting，2009：1-4.

[46] MaslovskiiS M F，Omarov M. Method for measuring torque[J]. Chemical and Petroleum Engineering，1971，7(9)：836-836.

[47] Anthony K，Hamidreza A，Dusan M，et al. System and Method for Measuring Torque. GENEVA，WO/2014/012173 [P]，2014-1-23.

[48] 胡德福. 应变式扭矩传感器的设计技术[J]. 船舶工程，2011，33(4)：96-99.

[49] 马收，李明，郭建春，等. 光纤布拉格光栅传感器在金属试件上的粘接工艺研究[J]. 复合材料学报，2013(30)：251-254.

[50] 喻洪麟，何安国，龙振宇，等. 一种新的扭矩测量原理[J]. 光子学报，1997，26(9)：832-835.

[51] 王登泉，杨明，叶林，等. 非接触式旋转轴扭矩测量现状[J]. 电子测量技术，2010，33(6)：8-11.

[52] Mei B，Lucas J，Holé S. Excitation Mode Influence on Vibrating Wire Sensor Response[J]. Experimental Mechanics，

2016，56(2)：1-8.

[53] 姜印平，赵会超，赵新华. 单线圈光电式振弦传感器测频系统的设计[J]. 传感技术学报，2010，23(1)：28-33.

[54] Hayes P，Salze S，Reermann J，et al. Electrically modulated magnetoelectric sensors[J]. Applied Physics Letters，2016，108(18)：182902-1-182902-4.

[55] Grottrup J，Kaps S，Carstensen J，et al. Piezotronic-based magnetoelectric sensor：Fabrication and response[J]. Physica Status Solidia-Applications and Materials Science，2016，213(8)：2208-2215.

[56] 徐光卫，宋春华. 磁电式转速传感器的优化设计[J]. 传感器与微系统，2013，32(2)：93-95.

[57] 张伟刚，许兆文，杨翔鹏. 用单光纤光栅实现扭转与温度的双参量传感测量[J]. 光学学报，2002，22(9)：1070-1075.

[58] 张伟刚，赵启大，开桂云. 新型光纤光栅扭转传感器研究[J]. 光学学报，2001，30(10)：1237-1239.

[59] Wang L A，Lin C Y，Chern G W. A torsion sensor made of a corrugated long period fibre grating[J]. Measurement Science & Technology，2001，12(7)：793-799.

[60] Rao Y J，Wang Y P，Ran Z L，et al. Novel fiber-optic sensors based on long-period fiber gratings written by high-frequency CO_2-laser pulses[J]. Journal of Lightwave Technology，2003，21(5)：1320-1327.

[61] Tian X，Tao X. Torsion measurement by using FBG sensors[J]. Processing of SPIE，2000，4077(4)：154-164.

[62] Kruger L，Swart P L，Chtcherbakov A A，et al. Non-contact torsion sensor using fibre Bragg gratings[J]. Measurement Science and Technology，2004，15(8)：1448-1452.

[63] Zhang W，Kai G，Dong X，et al. Temperature-inde-

pendent FBG-type torsion sensor based on combinatorial torsion beam[J]. Photonics Technology Letters IEEE, 2002, 14(8): 1154-1156.

[64] Lo Y L, Chue B R, Xu S H. Fiber torsion sensor demodulated by a high-birefringence fiber Bragg grating[J]. Opt Commun, 2004, 230(4-6): 287-295.

[65] Swart P L, Chtcherbakov A A, Wyk A J V. Dual Bragg grating sensor for concurrent torsion and temperature measurement[J]. Measurement Science and Technology, 2006, 17(17): 1057-1064.

[66] Yan R Q, Gao R X. Multi-scale enveloping spectrogram for vibration analysis in bearing defect diagnosis[J]. Tribology International, 2009, 42(2): 293-302.

[67] Wang W. Early detection of gear tooth cracking using the resonance demodulation technique[J]. Journal of Mechanical Systems and Signal Processing, 2001, 15(5): 887-903.

[68] 张雨, 徐小林, 张建华. 设备状态监测与故障诊断的理论和实践[M]. 长沙: 国防科技大学出版社, 2000.

[69] Combet F, Gelman L. Novel adaptation of the demodulation technology for gear damage detection to variable amplitudes of mesh harmonics[J]. Mechanical Systems and Signal Processing, 2011, 25(3): 839-845.

[70] 沈路, 周晓军, 刘莉, 等. 形态小波降噪方法在齿轮故障特征提取中的应用[J]. 农业机械学报, 2010, 41(4): 217-221.

[71] 沈路, 杨富春, 周晓军, 等. 基于改进 EMD 与形态滤波的齿轮故障特征提取[J]. 振动与冲击, 2010, 29(3): 154-157.

[72] 杨洁明, 熊诗波. 小波包分析方法在齿轮早期故障特征提取中的应用[J]. 振动测试与诊断, 2000, 20(4): 190-193.

[73] 毕果. 基于循环平稳的滚动轴承及齿轮微弱故障特征提取应用研究[D]. 上海: 上海交通大学, 2007.

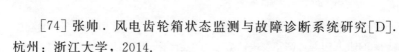

[74] 张帅. 风电齿轮箱状态监测与故障诊断系统研究[D]. 杭州：浙江大学，2014.

[75] 庄君刚. 齿轮旋转式光纤 Bragg 光栅位移传感器的研究 [D]. 昆明：昆明理工大学，2014.

[76] 张伟伟. 基于光纤布拉格光栅传感器的动车组齿轮箱振动监测系统设计与研究[D]. 开封：河南大学，2014.

[77] 陈亮. 基于光纤光栅传感器的齿轮箱状态监测系统[J]. 兵工自动化，2011，30(6)：63-64.

[78] 赵丽娟，刘晓东，李苗. 齿轮故障诊断方法研究进展 [J]. 机械强度，2016，38(5)：951-956.

[79] 李怀俊. 基于能量信号分析的齿轮传动系统故障诊断方法与系统研究[D]. 广州：华南理工大学，2014.

[80] 李淑娟，王昌，闵力，等. 光纤光栅传感器在机电设备振动监测中的应用[J]. 山东科学，2015，28(3)：61-64.

[81] Zhao Y, Zhang N, Si G. A Fiber Bragg Grating-Based System for Roof Safety Control in Underground Coal Mining[J]. Sensors, 2016, 16(10)：13-17.

[82] Nosenzo G. Monitoring of mining induced subsidence through measurement of ground strains with Fiber Bragg Grating sensors[C]. Limerick ，Sensors IEEE, 2011：1277-1280.

[83] Nosenzo G, Whelan B E, Brunton M, et al. Continuous monitoring of mining induced strain in a road pavement using fiber Bragg grating sensors[J]. Photonic Sensors, 2013, 3(2)：144-158.

[84] 姜德生，何伟. 光纤光栅传感器的应用概况[J]. 光电子激光，2002，13(4)：420-430.

[85] 侯贵宾. 基于光纤光栅传感的翻车机健康监测与诊断系统研究[D]. 武汉：武汉理工大学，2009.

[86] 何进飞. 大型浮吊臂架光纤光栅实时监测系统研究 [D]. 武汉：武汉理工大学，2010.

[87] 代鑫. 基于光纤光栅的高速铁路轨道结构监测方法及关键技术研究[D]. 武汉：武汉理工大学，2013.

[88] Erdogan T. Fiber Bragg Spectra[J]. Journal of Lightwave Technology，1997，15(8)：1277-1294.

[89] Erdogan T. Cladding mode resonances in short and long fiber grating filters[J]. Optical Society of America，1997，14(8)：1760-1773.

[90] Hill K O，Meltz G. Fiber Bragg Grating Technology Fundamentals and Overview[J]. Journal of Lightwave Technology，1997，15(8)：1263-1276.

[91] Shulian Zhanga，Sang Bae Leeb，Xie Fanga，et al. Infiber grating sensors[J]. Optics and Lasers in Engineering，1999，32(5)：405-418.

[92] Cheng H C，Huang J F，Lo Y L. Simultaneous strain and temperature distribution sensing using two fiber Bragg grating pairs and a genetic algorithm[J]. Optical Fiber Technology，2006，12(4)：340-349.

[93] Won P C，Lai Y，Zhang W，et al. Distributed temperature measurement using a Fabry - Perot effect based chirped fiber Bragg grating[J]. Optics Communication，2006，256(2)：494-499.

[94] Casagrande F，Crespi P，Grassi AM，et al. From the reflected spectrum to the properties of a fiber Bragg grating：a genetic algorithm approach with application to distributed strain sensing[J]. Applied Optics，2002，41(25)：5238-5244.

[95] Huang J F，Lo Y L，Cheng H C，et al. Reconstruction of Chirped Fiber Bragg Grating Parameters and Phase Spectrum Using Two Thermally Modulated Intensity Spectra and a Genetic Algorithm[J]. IEEE Photonics Technology Letters，2006，18

(2)：346-348.

[96] Zhang R X，Zheng S J，Xia Y J. Strain profile reconstruction of fiber Bragg grating with gradient using chaos genetic algorithm and modified transfer matrix formulation[J]. Optics Communications，2008，281(13)：3476-3485.

[97] LeBlanc M，Huang S Y，Ohn M M，et al. Distributed strain measurement based on a fiber Bragg grating and its reflection spectrum analysis[J]. Optics Letters 1996，21(17)：1405.

[98] 方政. 拉制光纤上在线刻写光栅的研究[D]. 武汉：武汉理工大学，2014.

[99] Yuan Y Q，Liang L，Zhang D S. Spectra of fiber Bragg grating and long period fiber grating undergoing linear and quadratic strain[J]. Optoelectronics Letters，2009，5(3)：182-185.

[100] Prabhugoud M，Peters K. Modified Transfer Matrix Formulation for Bragg Grating Strain Sensors[J]. Journal of Lightwave Technology，2004，22(10)：2302-2309.

[101] Ling H Y，Lau K T，Jin W，et al. Characterization of dynamic strain measurement using reflection spectrum from a fiber Bragg grating[J]. Optics Communications，2007，270(1)：25-30.

[102] Guan B O，Tam H Y，Tao X M，et al. Simultaneous Strain & Temperature Measurement using a Superstructure Fiber Bragg Grating[J]. IEEE Photonics Technology Letters，2000，12(6)：675-677.

[103] Gwandu B A L，Shu X W，Liu Y，et al. Simultaneous measurement of strain and curvature using superstructure fibre Bragg gratings[J]. Sensors & Actuators A Physical，2002，96(2)：133-139.

[104] Russell P S J，Liu W F. Acousto-Optic Superlattice

Modulation in Fiber Bragg Gratings[J]. Journal of the Optical Society of America A Optics Image Science & Vision, 2000, 17 (8): 1421-1429.

[105] Zhao C L, Demokanm S, Jin W, et al. A cheap and practical FBG temperature sensor utilizing a long-period grating in a photonic crystal fiber [J]. Optics Communications, 2007, 276 (2): 242-245..

[106] Fu M Y, Lin C M, Liu W F. The induced cladding modes of a superstructure fiber grating[J]. Optical Fiber Technology, 2008, 14(1): 16-19..

[107] Liu W F, Russell P S J, Dong L. 100% Efficient Narrow-Band Acoustooptic Tunable Reflector Using Fiber Bragg Grating[J]. Lightwave Technology Journal, 1998, 16 (11): 2006-2009.

[108] Russell P S, Liu W F. Acousto-optic superlattice modulation in fiber Bragg gratings[J]. Journal of the Optical Society of America A Optics Image Science & Vision, 2000, 17(8): 1421.

[109] Sun NH, Chou CC, Chang MJ, et al. Analysis of Phase-Matching Conditions in Flexural-Wave Modulated Fiber Bragg Grating[J]. Journal of Lightwave Technology, 2002, 20 (2): 311-315.

[110] Yeom D, Park HS, Kim BY. Tunable narrow-bandwidth optical filter based on acoustically modulated fiber Bragg grating[J]. IEEE Photonics Technology Letters, 2004, 16(5): 1313-1315.

[111] Abrishamian F, Nakai Y, Sato S, et al. An efficient approach for calculating the reflection and transmission spectra of fiber Bragg gratings with acoustically induced microbending[J]. Optical Fiber Technology, 2007, 13(1): 32-38.

[112] Yuan Y Q, Jiang D S. Spectra of dual-overwritten chirped fiber Bragg gratings[J]. Journal of Modern Optics, 2008, 55(11): 1787-1794.

[113] Zhou Z D, Jiang D S, Zhang D S. Digital monitoring for heavy duty mechanical equipment based on fiber Bragg grating sensor [J]. Scientia Sinica Techologica, 2009, 52(2): 285-293.

[114] Kan Wang. Enhanced-sensitivity Fiber Grating Acceleration Sensor Design [J]. Instrument Technique & Sensor, 2015, 10(10): 1131-1141.

[115] Berkoff T A, Kersey A D. Experimental demonstration of a fiber Bragg grating accelerometers[J]. Photonics Technology Letters IEEE, 1996, 8(12): 1677-1679.

[116] Kalenik J, Pajak R. A cantilever optical-fiber accelerometer[J]. Sensors & Actuators A Physical, 1998, 68(1-3): 350-355.

[117] Shi C Z, Zeng N, Ho H L, et al. Cantilever optical vibrometer using fiber Bragg grating [J]. Optical Engineering, 2003, 42(11): 3179-3181.

[118] Antunes P, Lima H, Alberto N, et al. Optical fiber accelerometer system for structural dynamic monitoring[J]. Sensors Journal IEEE, 2009, 9(11): 1347-1354.

[119] Zhou W, Dong X, Shen C, et al. Temperature-independent vibration sensor with a fiber Bragg grating[J]. Microwave & Optical Technology Letters, 2010, 52(10): 2282-2285.

[120] Basumallick N, Biswas P, Dasgupta K, et al. Design optimization of fiber Bragg grating accelerometer for maximum sensitivity[J]. Sensors & Actuators A Physical, 2013, 194(5): 31-39.

[121] Ádám Kovács, ViZváryZ. Structural parameter sensi-

tivity analysis of cantilever and bridge-type accelerometers[J]. Sensors & Actuators A Physical, 2001, 89(3): 197-205.

[122] Spirin V V, Shlyaginm G, Miridonov S V. Temperatureinsensitive strain measurement using differential double Bragg grating technique[J]. Optics and Laser Technology, 2001, 33 (1): 43-46.

[123] Caucheteur C, Chah K, Lhomme F, et al. Characterization of twin Bragg gratings for sensor application[C]. Strasbourg, Proceedings of SPIEOptical Sensing, 2004(5459): 89.

[124] 殷广林, 徐刚, 戴玉堂, 等. 基于双光纤光栅的膜片加速度传感器[J]. 武汉理工大学学报, 2014, 36(6): 131-134.

[125] 徐于超. 双光纤光栅推挽式加速度传感器设计与研究 [D]. 济南: 山东大学, 2011.

[126] 张东生, 郭丹, 罗裴, 等. 基于匹配滤波解调的光纤光栅振动传感器研究[J]. 传感技术学报, 2007, 20(2): 311-313.

[127] 魏恒. 匹配光纤光栅应力传感器解调技术[J]. 南京工程学院学报(自然科学版), 2007, 5(2): 69-72.

[128] 杨柳, 姜明顺, 袁伟, 等. 基于匹配光纤光栅的振动检测系统[J]. 光纤与电缆及其应用技术, 2008(5): 33-35.

[129] 雷飞鹏. 双光纤光栅传感器的研究[D]. 北京: 北京交通大学, 2010.

[130] Yongjiao Wang, Yinquan Yuan, Lei Liang. A lowcost acceleration monitoring system based on dual fiber bragg gratings[J]. International Journal for Light and Electron Optics, 2015, 126(19): 1803-1805.

[131] 范钦珊, 殷雅俊. 材料力学[M]. 北京: 清华大学出版社, 2004: 5-55.

[132] 朱秋玲. 齿轮系统动力学分析及计算机仿真[D]. 兰州: 兰州理工大学, 2004.

［133］杨绍波．兆瓦级以上风电齿轮箱传动系统的结构与性能研究［D］．成都：西华大学，2011．

［134］潘建军．光纤传感轨道状态监测的研究与应用［J］．武汉：武汉理工大学，2014．

［135］李辉．超长复合齿轮的强度仿真与振动分析［D］．秦皇岛：燕山大学，2010．

［136］蒋跃辉．动力伺服刀架齿轮传动系统 ADAMS 动力学仿真及可靠性灵敏度分析［D］．沈阳：东北大学，2011．